Eva Lill

Urlaub mit Verantwortung

Kann Nachhaltigkeit im Tourismus durch CSR-Zertifikate gesichert werden?

Bibliografische Information der Deutschen Nationalbibliothek:

Die Deutsche Nationalbibliothek verzeichnet diese Publikation in der Deutschen Nationalbibliografie; detaillierte bibliografische Daten sind im Internet über http://dnb.d-nb.de abrufbar.

Impressum:

Copyright © ScienceFactory 2018

Ein Imprint der Open Publishing GmbH

Druck und Bindung: Books on Demand GmbH, Norderstedt, Germany

Coverbild: GRIN | Freepik.com | Flaticon.com | ei8htz

Inhaltsverzeichnis

Abkürzungsverzeichnis 4

Abbildungsverzeichnis 5

1 Einleitung 6

    1.1 Einführung in die Thematik 6

    1.2 Methodisches Vorgehen 7

2 Theorie 9

    2.1 Geographische Grundlagen und Entwicklung des Tourismus 9

    2.2 Das Konzept des nachhaltigen Tourismus 15

    2.3 CSR und nachhaltiger Tourismus 21

3 Empirische Umsetzung 27

    3.1 Qualitatives Forschungsdesign: Experteninterview 27

    3.2 Vorstellung der Ergebnisse 29

4 Fazit und Ausblick 38

    4.1 Das Potential von CSR-Siegeln für die Entwicklung 38

    4.2 Künftige Herausforderungen bei der Umsetzung eines nachhaltigen Tourismus .. 39

    4.3 Die Rolle der IL: Zwischen Ausbeutung und Verantwortung 39

Literaturverzeichnis 41

Anhang 46

    Transkription der Experteninterviews 46

Abkürzungsverzeichnis

bio	biologisch
bzw.	beziehungsweise
ca.	circa
CBT	Community Based Tourism
CSR	Corporate Social Responsibility
EL	Entwicklungsland/Entwicklungsländer
etc.	et cetera
EU	Europäische Union
IL	Industrieland/Industrieländer
ISO	International Organization for Standardization
KATE	Kontaktstelle für Umwelt und Entwicklung e.V.
KMU	kleine und mittlere Unternehmen
LOHAS	Lifestyle of Health and Sustainability
NGO	non-governmental organization
o.J.	ohne Jahr
PR	Public Relations
SL	Schwellenland/Schwellenländer
sog.	sogenannte(r)
u.a.	unter anderem
UN	United Nations
UNWTO	World Tourism Organization
vgl.	vergleiche
z.B.	zum Beispiel

Abbildungsverzeichnis

Abbildung 1 Entwicklung internationaler Touristenankünfte 1980 - 2030: Vergleich von Industrie- und Schwellen-/Entwicklungsländern (UNWTO 2011, 13) 10

Abbildung 2 Drei Dimensionen des nachhaltigen Tourismus (eigene Darstellung) 16

Abbildung 3 Konflikte zwischen den drei Dimensionen der Nachhaltigkeit (KAGERMEIER 2016, 173) 20

Abbildung 4 Zusammenhang von CSR und nachhaltiger Entwicklung (eigene Darstellung) 21

Abbildung 5 Grüne Siegel auf dem Tourismusmarkt. (HAMELE 2013, 239) 25

Abbildung 6 Tourcert-Siegel (TOURCERT 2014,1) 30

1 Einleitung

1.1 Einführung in die Thematik

„Der Staat schützt auch in Verantwortung für die künftigen Generationen die natürlichen Lebensgrundlagen."

- Grundgesetz, Artikel 20 a

Nachhaltigkeit liegt heute nicht mehr allein in der Verantwortung des Staates. Der Begriff ist in kürzester Zeit zum dominierenden Schlagwort in Medien und Wirtschaft geworden und eine grüne Trendwelle breitet sich auf immer mehr Bereiche unseres alltäglichen Lebens aus. LOHAS – kurz für Lifestyle of Health and Sustainability – beschreibt eine neue gesellschaftliche Bewegung, in der die Themen Authentizität, Qualität, Gesundheit und Nachhaltigkeit an vorderster Stelle stehen. Laut einer 2009 durchgeführten Studie, wird diese Personengruppe künftig rund die Hälfte der Bevölkerung in Zentraleuropa und den USA ausmachen. Auch Asien ist auf dem Vormarsch was die Anhänger des grünen Lebensstils betrifft (vgl. Wenzel et al. 2009, 20). Ihr ausgeprägtes Umwelt-, Gesundheits- und Sozialbewusstsein macht die LOHAS-Gruppe zu kritischen Verbrauchern, weshalb sie überwiegend Produkte und Dienstleistungen in Anspruch nehmen, die sozial verträglich, fair und ressourcenschonend hergestellt wurden bzw. durchgeführt werden (vgl. HÖRMANN 2012, 3). In der Lebensmittelbranche haben sich Bio- und vegane Produkte bereits etabliert, doch wie steht es mit dem Lieblingshobby der Deutschen, dem Reisen? Auch hier lassen sich zahlreiche neue und vermeintlich nachhaltige Bewegungen feststellen. Privatunterkunft-Vermittlungen wie „Couchsurfing" oder „Airbnb" boomen, die deutschen Autobahnen werden von grünen Fernbussen überrollt und Rucksackreisen durch Südostasien sind die neue Alternative zum All-Inclusive-Urlaub auf Mallorca. Mit dem gestiegenen Verantwortungsgefühl der Konsumenten entwickelten sich alternative Tourismusformen und Nischenprodukte, die nun zunehmend massentauglich werden. Nachhaltiges Reisen bedeutet ein authentisches Ländererlebnis und Kontakt zu Einheimischen, ohne dabei die Umwelt und das natürliche Umfeld der Menschen vor Ort negativ zu beeinflussen. Viele Reiseveranstalter haben diesen Trend erkannt und nutzen ihn für die Vermarktung ihrer touristischen Produkte. Folglich werden mittlerweile bereits von den großen Konzernen Reisen angeboten, die sich als nachhaltig verstehen und verkaufen. Doch wie kann der kritische Verbraucher wissen, welcher Veranstalter wirklich verantwortungsbewusst handelt?

Und wie vertrauenswürdig sind in diesem Zusammenhang Siegel im Tourismus, wenn es um die tatsächlichen Auswirkungen meiner Reise auf die Bevölkerung und die Natur im Zielland geht?

1.2 Methodisches Vorgehen

„Weiter – öfter – kürzer". (FRIEDL 2002, 89) Aktuelle Studien untermauern diesen Reisetrend und belegen, dass es europäische Urlauber verstärkt in die Entwicklungsländer (EL) dieser Welt zieht. Was in Europa einige Jahrhunderte dauerte, nämlich die langsame Schaffung einer tourismusadäquaten Infrastruktur, erfolgt in vielen EL innerhalb weniger Jahre und äußert sich in zahlreichen Folgeerscheinungen für Kultur, Natur und Gesellschaft (vgl. HERDIN a. LUGER 2001, 6). Viele EL sind inzwischen vom Tourismus als wirtschaftlicher Entwicklungsmotor abhängig, weshalb er gerade in diesen Ländern ein hohes Maß an Verantwortung trägt. Die vorliegende Arbeit wird sich deshalb primär mit dem Tourismus in EL beschäftigen.

Im ersten Teil werden zunächst tourismusgeographische Grundlagen sowie die Zusammenhänge von regionaler Entwicklung und einem nachhaltigen Tourismus herausgearbeitet. Danach wird der Bezug zur betriebswirtschaftlichen Dimension hergestellt und genauer auf die Verantwortung der Reiseveranstalter bei der Gestaltung des touristischen Angebots eingegangen. Corporate Social Responsibility, kurz CSR, beschreibt genau diese unternehmerische Verantwortung und kann u.a. mithilfe von Zertifizierungen in die verschiedenen Bereiche des Unternehmens integriert werden.

Aufbauend auf dem theoretischen Grundgerüst wird im zweiten Teil der Arbeit ein bekanntes deutsches CSR-Siegel im Tourismus vorgestellt. Anhand ausgewählter Experteninterviews soll untersucht werden, welchen Einfluss es auf die Arbeit der Reiseveranstalter hat und inwieweit dessen Praktiken im Zielland überprüft und kontrolliert werden – spricht ob das Siegel einen realistischen Einfluss auf eine nachhaltige Gestaltung des Tourismus ausüben kann. Exemplarisch wird dies bei dem Lateinamerika-Reiseveranstalter Papaya Tours GmbH untersucht. Ziel der Arbeit ist es nachzuprüfen, inwieweit CSR und Zertifikate im Tourismus einen Beitrag zur Regionalentwicklung in EL leisten können.

Zu den folgenden Leitfragen soll im Fazit der Arbeit zusammenfassend Stellung genommen werden:

1. Mehr als Greenwashing? Haben CSR und Zertifizierungen im Tourismus das Potential zum Entwicklungshelfer?
2. Was sind die künftigen Herausforderungen für CSR-Siegel und die Umsetzung eines nachhaltigen Tourismus?
3. Welche Rolle nehmen die IL beim EL-Tourismus ein?

2 Theorie

2.1 Geographische Grundlagen und Entwicklung des Tourismus

Die geographische Herangehensweise an das Thema Tourismus kann von verschiedenen Blickwinkeln erfolgen. Die physische Geographie betrachtet die naturräumlichen Gegebenheiten oder Prozesse, während sich die Humangeographie mit den Auswirkungen und dem Handeln des Menschen in einem bestimmten Raum beschäftigt. Neben dem regionalen Fokus auf die EL beinhaltet die vorliegende Arbeit somit auch Aspekte der Humangeographie (vor allem der Sozial- und Wirtschaftsgeographie). Denn es werden die Ursachen und Wirkungen des menschlichen Handelns im Zielland untersucht und Wege beleuchtet, wie die negativen Auswirkungen eingedämmt werden können, um den Raum zukunftsfähiger zu gestalten. Charakteristisch für die Tourismusgeographie ist eine ganzheitliche und übergreifende Sicht auf die komplexe Thematik. Dabei reicht ein isolierter Blickwinkel auf die betriebswirtschaftliche Optimierung oder die sozialpsychologische Deutung nicht aus (vgl. KAGERMEIER 2016, 24). Nachdem bereits in der Einleitung auf den aktuellen Gesellschaftstrend, die soziologische Dimension eingegangen wurde, sollen im Folgenden noch weitere Disziplinen des multidimensionalen Forschungsfeldes integriert werden.

Was sich früher auf individuelle Reisen einer privilegierten Oberschicht beschränkte, entwickelte sich in den letzten Jahrzehnten zum Massenphänomen, Vorreiter der Globalisierung und zu einem der weltweit bedeutendsten Wirtschaftszweige. Während zu Beginn der 1950er Jahre laut der Weltorganisation für Tourismus (UNWTO) global etwa 25 Millionen Touristenankünfte zu verzeichnen waren, lag der Wert 1980 bereits bei 278 Millionen. Bis zum Jahr 1995 verdoppelte sich die Zahl beinahe auf 527 Millionen und hat bei der letzten Messung im Jahr 2014 mit 1133 Millionen internationalen Touristenankünften die eine Milliarde Marke bereits deutlich überschritten (vgl. UNWTO 2015, 2). Die Tatsache, dass bisher nur ca. drei bis fünf Prozent der Weltbevölkerung verreist und der Wohlstand in den Schwellenländern weiter zunimmt, wird die Reiseintensität in Zukunft noch zunehmend verschärfen (vgl. REIN a. STRASDAS 2015, 203).

Nach POSER (1939, 84–86) besteht die Ursache des Fremdenverkehrs aus der Komponente des menschlichen Bedürfnisses, die der eigene Wohnort nicht befriedigen kann und aus der des landschaftlichen Gegensatzes. Der Gegensatz kann aufgrund geographischer, kulturgeographischer oder kultureller Faktoren entstehen und ist laut Poser Hintergrund für jeglichen Fremdenverkehr. Dabei sind Entfernung und Reisedauer wichtige Einflussfaktoren. Aufbauend auf Posers Theorie der Faszination gegensätzlicher, fremder Orte begründet sich der aktuelle Reisetrend und die Beliebtheit von Schwellen- und Entwicklungsländer. Denn diese weisen sowohl landschaftlich als auch kulturell enorme Gegensätze zu den Quellländern auf.

Das folgende Diagramm veranschaulicht den Wandel der internationalen Touristenankünfte von IL (hellblau) und EL (dunkelblau):

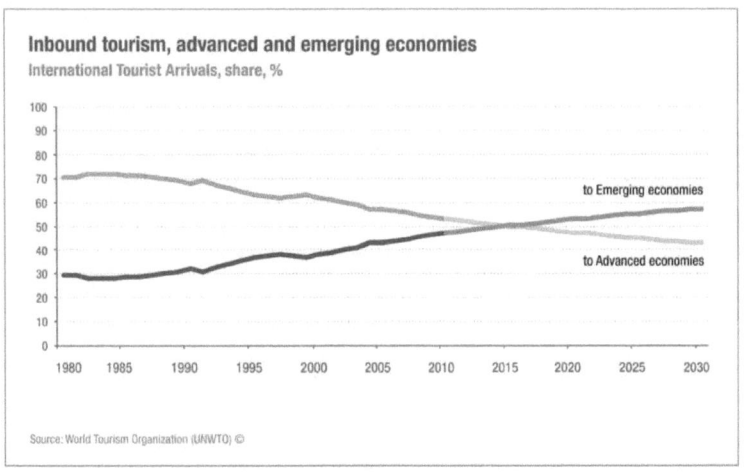

Abbildung 1 Entwicklung internationaler Touristenankünfte 1980 - 2030: Vergleich von Industrie- und Schwellen-/Entwicklungsländern (UNWTO 2011, 13)

Während 1980 mit 70 % der internationalen Touristenankünfte noch klar die IL dominierten, scheint sich das Blatt aktuell zu wenden. So wird prognostiziert, dass die EL innerhalb der nächsten fünf Jahre die IL überholen und 2030 voraussichtlich 57% der weltweiten Touristenankünfte verzeichnen werden (vgl. UNWTO 2015, 14).

Ein wichtiges Kennzeichen der touristischen Dienstleistung ist das uno-actu-Prinzip, wonach Angebot und Konsum zeitlich zusammenfallen. Das bedeutet, dass der Tourist in die auserwählte Destination reist, wo er bestimmten Aktivitäten nachgeht (vgl. FREYER 2007, 497). Durch den raumgebundenen Konsum kann er dazu beitragen, dass die Region direkt von den positiven Effekten der touristischen Inwertsetzung profitiert und somit einen persönlichen Beitrag zur Entwicklungshilfe leisten. Der Tourismus verschafft den EL auch eine stärkere Einbindung in die Weltwirtschaft, die neben positiven ökonomischen Effekten mit zahlreichen Gefahren und Risiken aus entwicklungspolitischer Sicht verbunden ist. Auf beide Seiten soll im Folgenden näher eingegangen werden.

2.1.1 Entwicklungspolitische und wirtschaftliche Bedeutung des Tourismus

Aufgrund der wachsenden Nachfrage und ihrem oft außergewöhnlichen kulturellen und landschaftlichen Potential wurde ab den 1960er Jahren in vielen ehemaligen Kolonien große Hoffnung in den Tourismus als Leitindustrie und Devisenbringer gesetzt. Als „weiße Industrie" sollte er die wirtschaftliche Unterentwicklung dieser Länder ohne traditionelle Industrien, sanft und umweltschonend nachholen (vgl. STRASDAS 2001, 70). Durch den Tourismus versprach man sich eine stärkere Einbindung in den Weltmarkt und den Wechsel von der traditionellen Subsistenzwirtschaft zur modernen Dienstleistungsgesellschaft. Insbesondere für Länder mit fehlendem Potential zur Steigerung alternativer agrar- oder industriewirtschaftlicher Produktionen (vorwiegend Inselstaaten) und dementsprechend niedrigem Bruttosozialprodukt ist er heute eine entscheidende Einnahmequelle (vgl. VORLAUFER 1996, 1). Für jedes dritte Entwicklungsland stellt der Tourismus mittlerweile die Haupteinnahmequelle für Devisen dar (vgl. BEYER 2014, 6). Die Tourismuswirtschaft wird daher nicht grundlos als eine der Leitökonomien des 21. Jahrhunderts bezeichnet. Neben den makroökonomischen Effekten profitieren die Länder noch auf anderen Ebenen von dem Wirtschaftszweig. Laut UNWTO hängt in etwa jeder elfte Arbeitsplatz direkt oder indirekt vom Tourismus ab (vgl. UNWTO 2015, 2).

Oft sind gerade die wirtschaftlichen Passivräume eines Landes, die sogenannten peripheren Orte, durch ihre landschaftlichen Reize für Besucher besonders attraktiv. Durch den Tourismus können Entwicklungsimpulse und somit regionale Ausgleichseffekte ausgelöst werden. Denn durch den Ausbau der Infrastruktur, der mit der touristischen Erschließung einhergeht, profitiert auch die einheimische Bevölkerung. Deshalb gilt er in peripheren Regionen oft als Hoffnungsträger sowohl zum Infrastrukturausbau als auch zur Schaffung neuer Arbeitsplätze bzw. Generierung höherer Einkommen (vgl. SCHMUDE a. NAMBERGER 2010, 95). Mit der Entstehung neuer Arbeitsplätze gehen weitere positive Nebeneffekte einher. Da rund zwei Drittel der Beschäftigten im Tourismussektor Frauen sind, treibt es in vielen unterentwickelten Ländern die Emanzipation voran. Außerdem bewirken die vergleichsweise hochqualifizierteren Jobs, dass sich die Bevölkerung entsprechend fortbildet und Sprachkenntnisse erwirbt (vgl. CRAIGANTWAILER o.J.). Doch es sind nicht allein die Primärumsätze der touristischen Nachfrage, die die lokale

Wirtschaft ankurbeln. Eine wichtige Kennzahl, um die Einkommenseffekte des Tourismus zu messen, ist der sog. Multiplikator-Effekt. Dank der diversifizierten und langen Wertschöpfungskette des touristischen Produkts profitieren indirekt noch eine Reihe anderer Gewerbe im primären und sekundären Sektor, wie das Baugewerbe oder die einheimische Landwirtschaft. Voraussetzung ist, dass sich die Sektoren gegenseitig in Angebot und Nachfrage ergänzen und Hotels z.B. die einheimischen Agrarprodukte den Importen vorziehen (vgl. ADERHOLD 2013, 29). In der Praxis ist das hingegen nicht immer der Fall, weshalb mit dem zunehmenden Massentourismus auch immer mehr Kritik am Tourismus als Entwicklungshelfer laut wurde.

2.1.2 Risiken und Gefahren des Tourismus

So positiv die Auswirkungen des Tourismus auf die Deviseneinnahmen oder den Arbeitsmarkt des Landes auch sein mögen, so wenig Aussagekraft können sie auf der anderen Seite für die Entwicklung einer Region haben. Aufgrund der schwierigen Messbarkeit und Definition von Entwicklung wird sie oft mit Wirtschaftswachstum gleichgesetzt. Dieser Ansatz stammt aus der volkswirtschaftlichen Wachstumstheorie kapitalistischer Länder, die die Entwicklung einer Gesellschaft daran messen, wie sich die Höhe des Bruttosozialprodukts pro Kopf bewegt. Was dabei nicht berücksichtigt wird sind die zunehmenden sozialen Disparitäten, die vor allem in den EL entstehen können. Der gemessene Durchschnittswert wird von der oberen Einkommensschicht deutlich angehoben und verursacht ein verzerrtes Bild der Gesamtgesellschaft. Wirtschaftswachstum ist demnach nur eine quantitative Größe, während Entwicklung die qualitative Verbesserung des Lebensstandards der breiten Masse bedeutet (vgl. IVANIŠIN 2006, 163). Vertreter der neoliberalen, wachstumsorientierten Politik begründen ihre Annahme mit der sogenannten „trickle-down"-Theorie. Diese besagt, dass die durch den Tourismus ausgelösten Wachstums- und Modernisierungsprozesse zu den unteren Schichten durchsickern und somit langfristig auch der breiten Masse und damit der armen Bevölkerung zu Gute kommen (vgl. BAUMGARTNER 2013, 213). Jedoch bleibt fraglich, inwieweit dieses Konzept, das aus der Wirtschaftspolitik westlicher Industriestaaten stammt, auf die Entwicklungsländer übertragen werden kann.

Auch die hohen Deviseneinnahmen sind aus entwicklungspolitischer Sicht oft trügerisch, da lediglich ein Teil dieser touristischen Einnahmen, die sog. Nettodeviseneinnahmen, im Land verbleiben und betrachtet werden dürfen. Einen Großteil müssen die EL für die Aufrechterhaltung und Erstellung des Tourismus ausgeben. Dazu zählen Zinszahlungen für ausländische Kredite, Importe von Nahrungsmitteln für Touristen oder der Ausbau der Infra- und Suprastruktur (vgl. ADERHOLD 2013, 25–26). Die sog. Sickerrate (auch Leakage-Effekt) beschreibt diesen Abfluss der touristischen Einnahmen. Eine gewisse Sickerrate ist in der Regel unvermeidbar. Kritisch sind jedoch die hohen Leakage-Raten in vielen EL, die teilweise ausbeuterische Ausmaße annehmen. Studien haben belegt, dass sie nicht selten 80 - 90% der gesamten Deviseneinnahmen eines EL ausmachen, was bedeutet; dass lediglich ein geringer Anteil der Einnahmen der einheimischen Wirtschaft und Bevölkerung zu Gute kommt, während der Rest an die internationale Tourismusindustrie im Ausland fließt. Hintergrund ist die Tatsache, dass lokale Reiseveranstalter oder Unterkünfte meist nicht die entsprechenden Kapazitäten für den Touristenansturm haben und in Bezug auf Marketing und Kapital nicht mit großen Konzernen mithalten können. Sogar Lebensmittel müssen häufig importiert werden, wenn die gewünschten Produkte quantitativ und qualitativ nicht von der lokalen Landwirtschaft bereitgestellt werden können (vgl. PANNICKE o.J., 20).

Neben der Saisonalität der Arbeitsplätze im Tourismus ist die zunehmende Monostrukturierung der Volkswirtschaft eine weitere negative Folge in vielen Urlaubsländern. Durch vermeintlich attraktivere Gehälter und Arbeitsbedingungen im Tourismus kann es zu einer Verdrängung der Agrarwirtschaft kommen, die mit dem Verlust von Arbeitsplätzen im primären Sektor und damit der Verringerung der Selbstversorgungsquote und teuren Lebensmittelimporten einhergeht. Die steigenden Nahrungsmittel- und auch Immobilienpreise können von der einheimischen Bevölkerung in vielen Fällen nicht mehr kompensiert werden und verstärken die Armut (vgl. SCHMUDE a. NAMBERGER 2010, 96). Je stärker ein Entwicklungsland auf den Tourismus als Deviseneinnahmequelle setzt, desto eher nimmt es fast zwangsläufig eine massentouristische, auf permanentes Wachstum ausgerichtete Entwicklung und eine damit verbundene Abhängigkeit von ausländischen Konzernen in Kauf. Dadurch ist es umso weniger in der Lage eine selbstbestimmte, den eigenen Verhältnissen angepasste touristische Entwicklung umzusetzen (vgl. BEYER et al. 2007, 42). Nach der anfänglichen Euphorie für die „weiße Industrie" wurden ab den 1970er und 1980er Jahren Stimmen laut, die diese Form der Entwicklung als eine neue Art von neokolonialer Ausbeutung und Abhängigkeit der EL von den IL kritisierten. Eine besonders kritische Stimme dieser Bewegung ist die von Dr. Koson Srisang, einem Vorsitzenden der NGO *Ecumenical coalition on third world tourism*:

> "Tourism, especially Third World tourism, as it is practised today, does not benefit the majority of people. Instead it exploits them, pollutes the environment, destroys the ecosystem, bastardises the culture, robs the people of their traditional values and ways of life and subjugates woman and children in the abject slavery of prostitution. In other words, tourism epitomises the present unjust world economic order where the few who control wealth and power dictate the terms. As such, tourism is little different from colonialism." (MOWFORTH a. MUNT 2003, 52)

Die dependenztheoretischen Ansätze dieser Gegenbewegung setzen auf eine autozentrierte, von den IL unabhängige Entwicklung, um den Teufelskreis zu durchbrechen und der Unterentwicklung zu entkommen (vgl. KAGERMEIER 2016, 285–286). Der Ansatz, der auf einer eigenständigen Entwicklung mit lokalen Ressourcen basiert, wirkt vielversprechend, doch bleibt fraglich, inwieweit eine komplette Abkopplung der IL realistisch und sinnvoll ist.

2.1.3 Endogene Regionalentwicklung als Element des nachhaltigen Tourismus

Tourismus ist somit einerseits notwendig und unabdingbar für die Wirtschaftsentwicklung in vielen EL, andererseits kann er durch die Macht ausländischer Investoren auch Abhängigkeiten verstärken und ausbeuterische Züge annehmen. Um eine langfristige und stabile Wirtschaftsentwicklung etablieren zu können, muss die Tourismuswirtschaft u.a. im Einklang mit der lokalen Land- Forst- und Wasserwirtschaft stehen. Ziel ist eine endogene, eigenständige Entwicklung der Tourismusbranche in den EL (bottom-up), die künftig keine anderen Wirtschaftssektoren mehr verdrängen oder gar ausschließen darf (vgl. PIÑAR ÁLVAREZ 2009, 57). Sog. Linkage-Effekte zu anderen Wirtschaftsbereichen müssen von Anfang an geschaffen werden, indem die heimische Landwirtschaft oder das Kleingewerbe gestärkt werden (vgl. ADERHOLD 2013, XXXI). Entscheidungsträger müssen realisieren, dass der Tourismus nur dann zu einer nachhaltigen Entwicklung beitragen kann, wenn die ansässige Bevölkerung aktiv an seiner Gestaltung teilnimmt. Einfach gesagt geht es um Folgendes: "local work for local people using local resources". (BIRKHÖLZER 2005, 5)

Nach den extremen, dependenztheoretischen Stimmen sind sich Experten heute einig, dass eine komplette Abkopplung von den Industriestaaten keine Lösung ist. Denn eine ausschließlich endogene Regionalentwicklung scheitert nicht zuletzt am fehlenden Know-How und Marktzugang der einheimischen Tourismusanbieter (vgl. MONSHAUSEN 2015).

Bottom- up oder Trickle-down? Unter der Prämisse, dass der Tourismus – wie jede andere Wirtschaftaktivität auch – positive und negative Auswirkungen hat, wird seit den 1990er Jahren verstärkt versucht, mit dem Konzept des nachhaltigen Tourismus zwischen den beiden Extrempolen zu vermitteln (vgl. VORLAUFER 1996, 4–5).

2.2 Das Konzept des nachhaltigen Tourismus

Geht es um die zukunftsfähige Entwicklung einer Gesellschaft, erweist sich die bisher einschlägig ökonomische Perspektive als zu eng. Denn beim Tourismus handelt es sich nicht nur um eine Wirtschaftsbranche, sondern vielmehr um einen komplexen Querschnittbereich. Er nutzt, belastet und verändert die natürlichen und kulturellen Ressourcen und beeinflusst damit auch die Lebenssituation der ansässigen Bevölkerung (vgl. STEINECKE 2013, 165). Im Zuge der Entwicklung des Tourismus zum Massenphänomen ab den 1970er Jahren wurden kritische Stimmen über die ökologische Tragfähigkeit immer lauter. Wissenschaftliche Auseinandersetzungen mit der Thematik, allen voran das Werk „Die Landschaftsfresser" von Krippendorf galten als Ausgangspunkt der zunehmenden Diskussion über die ökologischen und sozialen Auswirkungen des Tourismus in EL und SL (vgl. SCHMUDE a. NAMBERGER 2010, 98).

Mit dem Brundtland Bericht 1987, der Erklärung von Rio de Janeiro 1992 und der UN-Konferenz im selben Jahr fand die Idee des nachhaltigen Tourismus erstmals Anklang in der internationalen Politik. Neben dem Wirtschaftswachstum beinhalt das dort etablierte Konzept die zwei Säulen Umwelt- und Sozialverträglichkeit. Ziel ist es die positiven, wirtschaftlichen Effekte zu nutzen und auf der anderen Seite negative ökologische und soziale Auswirkungen zu vermeiden. Das Konzept basiert auf dem Grundprinzip die gegenwärtigen Ressourcen nur in solchem Umfang zu verbrauchen, dass auch zukünftige Generationen noch ihre Bedürfnisse befriedigen können (vgl. STEINECKE 2011, 190). Zentrales Element ist die Verwirklichung einer intra- und intergenerativen Gerechtigkeit, sowohl zwischen den Menschen einer Generation als auch zwischen der jetzigen und den kommenden Generationen (vgl. LOEW et al. 2004, 10).

Theorie

Abbildung 2 Drei Dimensionen des nachhaltigen Tourismus (eigene Darstellung)

Laut der UNWTO und dem Umweltprogramm der UN handelt es sich bei nachhaltigem Tourismus um „Tourism that takes full account of its current and future economic, social and environmental impacts, addressing the needs of visitors, the industry, the environment and host communities." (UNEP a. UNWTO 2005, 12)

Neben der klassischen Triade (siehe Abbildung 2) beinhaltet diese Definition zudem die Bedürfnisse von drei Akteuren, die gleichwertig vom Tourismus profitieren sollen. Somit geht es nicht nur um die Bewahrung von Ressourcen und die Generierung von wirtschaftlichem Profit für die Einheimischen, sondern gleichermaßen darum, den Wirtschaftszweig Tourismus langfristig zu erhalten und die Wünsche der Gäste zu befriedigen. Wichtig ist, dass sich alle Akteure gegenseitig beeinflussen, so hängt die Tourismusindustrie vom Wohl der Gäste ab, welches wiederum eine intakte Umwelt und Gastfreundschaft im Zielland erfordert. Gleichermaßen sind für die lokale Bevölkerung die Einnahmen aus der Tourismusindustrie essenziell. Nachhaltiger Tourismus sollte deshalb keineswegs ein Nischenprodukt, sondern Bedingung für den gesamten Wirtschaftssektor Tourismus sein (vgl. RADOSAVLJEVIC 2013, 18).[1]

Da sich die ökonomische Dimension des nachhaltigen Tourismus inhaltlich größtenteils mit dem Kapitel 2.1 überschneidet, wird im Folgenden lediglich auf die zwei anderen Dimensionen eingegangen. Zur besseren Veranschaulichung wer-

---

[1] Anmerkung: In der Forschung gibt es noch zahlreiche weitere, ausdifferenziertere Darstellungen des nachhaltigen Tourismus. Jedoch soll für die vorliegende Arbeit der Ansatz der drei Dimensionen (auch Drei-Säulen-Modell) wegen seiner Anschaulichkeit und der weiten Anerkennung in der Literatur genügen.

den an den passenden Stellen praktische Umsetzungsbeispiele von Papaya Tours vorgestellt.[2]

2.2.1 Ökologische Dimension

"Wir zerstören das, wonach wir suchen, indem wir es finden." (HERDIN a. LUGER 2001, 8) Dieses Zitat vom Schriftsteller Hans Magnus Enzensberger spiegelt in vielen Urlaubsländern die Realität wieder. Eine unberührte, intakte Natur und/oder außergewöhnliche Flora und Fauna sind häufig das Alleinstellungsmerkmal touristischer Destinationen und spielen bei einer Vielzahl von Reisearten eine zentrale Rolle. Andererseits trägt die Errichtung der touristischen Infrastruktur zum Verbrauch und der Zerstörung eben dieser Landschaft bei. Luft- und Wasserverschmutzung sowie die Gefährdung ansässiger Tier- und Pflanzenarten sind weitere negative Begleiterscheinungen. Die Bezeichnung der Täter-Opfer-Rolle des Tourismus ist daher nicht unbegründet (vgl. STEINECKE 2014, 194–195).

Die wohl größte Herausforderung im Hinblick auf eine ökologische Nachhaltigkeit ist die Treibhausproblematik bei Fernreisen. Im Zuge der voranschreitenden Globalisierung und dem steigenden Wohlstand in IL und SL wächst der Flugverkehr jährlich um gut fünf Prozent, in manchen SL sogar doppelt so schnell. Damit trägt er entscheidend zum Klimawandel bei, dessen Folgen wiederum vor allem die ärmere Bevölkerung der EL zu spüren bekommt. Denn die verursachten Ernteausfälle und damit verbundene Preissteigerungen können finanziell meist nicht kompensiert werden. Es ist deshalb auch eine Frage der globalen Gerechtigkeit den Tourismus klimafreundlich zu gestalten (vgl. MONSHAUSEN 2015). Mögliche Maßnahmen, auf die auch Papaya Tours zurückgreift, sind die gänzliche Vermeidung von Kurzstreckenflügen, um alternativ diese Distanz mit dem Zug zurückzulegen (Rail & Fly Option). Eine weitere Alternative können CO2-Kompensationen darstellen. Je nach Flugstrecke und damit verursachtem CO2-Ausstoß wird ein bestimmter Betrag an Umwelt- oder Sozialprojekte in den EL gespendet. Natürlich können diese Maßnahmen in keiner Weise die verheerenden Umweltfolgen entschädigen, die durch den CO2-Ausstoß auf Langstreckenflügen entstehen. Allerdings können sie als Einstieg gesehen werden, die Klimaschädlichkeit über-

---

[2] Aufgrund eines vorangehenden Praktikums bei dem Reiseveranstalter, herrscht bereits Kenntnis über das Reiseangebot von Papaya Tours.

haupt erst ins Bewusstsein der Konsumenten zu rufen (vgl. BUNDESVERBAND DER VERBRAUCHERINITIATIVE E.V. o.J.a).

Der Tourismus initiiert zwar nicht selten beträchtliche Umweltbelastungen, er ist jedoch nicht alleiniger und oft nicht einmal wesentlicher Verursacher. Denn das Umweltbewusstsein der heimischen Bevölkerung ist in vielen EL sehr gering, da von staatlicher Seite kaum Regulierungen und Gesetze existieren oder nur unzureichend kontrolliert werden (vgl. VORLAUFER a. BECKER-BAUMANN 2004, 877).

Auch viele Nationalparks können nur durch touristische Einnahmen errichtet und finanziert werden, wodurch die Naturräume und ihre biologische Vielfalt einen materiellen Wert bekommen und häufig erstmals als schützenswert angesehen werden (vgl. CRAIGANTWAILER o.J.).

Ein Mittel zur zukunftsfähigen Gestaltung des Tourismus kann auch die Formulierung von Tragfähigkeitsgrenzen (sog. Carrying Capacity) sein. Damit werden Besucherverhalten in schützenswerten Regionen und Ökosystemen kontrolliert und reguliert, um eine möglichst verträgliche Nutzung von natürlichen Ressourcen anzustreben (vgl. KAGERMEIER 2016, 22). Ein gutes Praxisbeispiel ist der Inkatrail in Peru. Die viertägige Wanderung durch das Hochland der Inkas bis zum Weltkulturerbe Machu Picchu ist ein touristisches Highlight und wird von Papaya Tours angeboten. Dank politischer Regulierungen wurde die Besucherzahl pro Tag auf eine bestimmte Anzahl reduziert und die Plätze dürfen nur noch von ausgewählten, nachhaltigen Reiseveranstaltern verkauft werden. Das Konzept der Carrying Capacity kann gleichermaßen auf die sozio-kulturelle Dimension bezogen werden, denn auch die ansässige Bevölkerung leidet unter zu hohen Besucherzahlen.

2.2.2 Sozio-Kulturelle Dimension

Die sozio-kulturelle Dimension spielt im Tourismus eine ganz besondere Rolle, denn in keiner anderen Wirtschaftsbranche kommt der Kunde direkt zum „Produktionsort" und kann die Personen (Reiseführer, Hotelmitarbeiter oder ansässige Bewohner) kennenlernen, die für sein Produkt Reise verantwortlich sind (vgl. MONSHAUSEN 2015). Erlebnischarakter und Authentizität haben bei Reisen einen immer höheren Stellenwert. Peter Wippermann, Forscher eines Hamburger Trendbüros, beurteilt die Begegnungen mit Einheimischen sogar als neuen Trend und Möglichkeit sich von der breiten Masse der Touristen abzusetzen (vgl. LAAGE 2015). Es ist unbestritten, dass mit der Ankunft der Touristen die lokale Kultur beeinflusst wird. Doch abgesehen von der so oft kritisierten Inszenierung und

Gefährdung der einheimischen Traditionen, können die EL auch vom direkten Kontakt mit den Touristen profitieren (vgl. MOWFORTH a. MUNT 2003, 99). Wenn die Besucher Achtung und Respekt gegenüber deren kulturellen Traditionen und Kenntnissen entgegenbringen, führt dies zu einer Stärkung des Selbstbewusstseins und der kulturellen Identität. Voraussetzung ist eine vorbereitende Aufklärungsarbeit, damit beide Seiten von der Begegnung profitieren können und eine sog. Win-win-Situation entstehen kann (vgl. HÄUSLER 2004, 2). Die Sympathiehefte vom Studienkreis für Tourismus und Entwicklung e.V. werden bei vielen nachhaltigen Reiseveranstaltern den Reiseunterlagen beigelegt und sollen einen wichtigen Beitrag zur Aufklärung über die kulturellen Werte und Praktiken der Gesellschaft im Urlaubsland schaffen.

Der eng mit dem Konzept der Nachhaltigkeit verbundene Ansatz des Community Based Tourism (CBT) zielt auf eine direkte Partizipation der lokalen Bevölkerung am Tourismus ab. Vor allem in EL ist CBT von wichtiger Bedeutung, da deren soziokulturelle Distanz zu den Quellländern besonders groß ist. Neben den möglichen positiven sozialen Wirkungen steigert die Partizipation auch den ökonomischen Nutzen der Bereisten und Ziele der nachhaltigen Regionalentwicklung werden verfolgt (vgl. endogene Entwicklung Punkt 2.1.3). Die Beteiligung kann auf verschiedenen Intensitätsstufen geschehen und reicht von der bloßen Information der Einheimischen über künftige touristische Aktivitäten bis hin zur aktiven Mitgestaltung und Bestimmung über touristische Projekte (vgl. SCHMUDE a. NAMBERGER 2010, 106–107).

Die Kunden von Papaya Tours beispielsweise übernachten bei den Gruppenreisen nach Peru in der indigenen Gemeinde in Llachon. Durch die Unterbringung bei den Einheimischen entsteht ein direkter Kontakt und die Urlauber können sich bei den täglichen Aufgaben in der Gemeinde einbringen. Bei einem reibungslosen Ablauf profitieren beide Seiten von der Begegnung. Auch bei den Papaya-Reisen nach Kuba ist die Unterbringung in Privatunterkünften, sog. „Casas Particulares", sehr beliebt und fördert das gegenseitige Kennenlernen der Kulturen.

2.2.3 Grenzen des Konzepts

Abbildung 3 Konflikte zwischen den drei Dimensionen der Nachhaltigkeit (KAGERMEIER 2016, 173)

Wie sich bei der näheren Betrachtung der einzelnen Dimensionen feststellen lässt, überschneiden und beeinflussen sich diese gegenseitig. So stehen sich die drei Dimensionen (Ökonomie, Ökologie und soziale Gerechtigkeit) des nachhaltigen Tourismus oft konfliktreich gegenüber, wie die nebenstehende Grafik veranschaulichen soll.

Die Abbildung macht deutlich, dass das Austarieren der Dimensionen oft an seine Grenzen stößt und daher die einzelnen Ziele nicht isoliert betrachtet und idealtypisch umgesetzt werden können. Damit wirtschaftliches Wachstum generiert wird und sich die Bevölkerung entfalten kann, werden natürliche Ressourcen wie Wasser, Fläche oder Rohstoffe benötigt und somit zwangsläufig die Umwelt belastet. Auf der anderen Seite kann Wirtschaftswachstum auch negative Auswirkungen für die Bevölkerung haben. So stehen bei der Umsetzung von Großprojekten in EL Flächenenteignungen an der Tagesordnung.

Neben der problematischen Vereinbarkeit der Dimensionen weist das theoretische Konzept des nachhaltigen Tourismus auch in der konkreten Umsetzung Grenzen auf. Allein aufgrund der ökologischen Auswirkungen, allen voran der Treibhausproblematik, kann es *a priori* gar keinen nachhaltigen Tourismus geben, allenfalls einen Beitrag des Tourismus zu einer nachhaltigeren Regionalentwicklung. Es geht also nicht darum einen 100%igen Zielzustand zu erreichen, sondern die unterschiedlichen Tourismusformen bestmöglich hinsichtlich der Nachhaltigkeitsprinzipien zu gestalten (vgl. KAGERMEIER 2016, 175).

Die Umsetzung des Konzepts ist auch aufgrund der fehlenden Konkretisierung und Messbarkeit (inhaltlich, räumlich und zeitlich) der Dimensionen problematisch. Um es für die praktische Anwendung greifbar zu machen, müssen konkrete Maßnahmen formuliert werden. Mithilfe von CSR oder entsprechenden Gütesiegeln können die Nachhaltigkeitsbestrebungen im Unternehmen anwendbar gemacht und offen gelegt werden (vgl. SCHMUDE a. NAMBERGER 2010, 111–113).

2.3 CSR und nachhaltiger Tourismus

Einen wichtigen Beitrag zu einem nachhaltigeren Tourismus können die Reiseveranstalter leisten, indem sie verantwortungsvolle Unternehmenspraktiken in ihr Handeln mit einbeziehen. Diesen Beitrag, der über die eigentlich vorgeschriebenen Unternehmenstätigkeiten eines Betriebs hinausgeht, fällt unter den Begriff „CSR" (Corporate Social Responsibility) eines Unternehmens. Die folgende Abbildung soll vereinfacht den Zusammenhang von CSR und einer nachhaltigen Entwicklung darstellen:

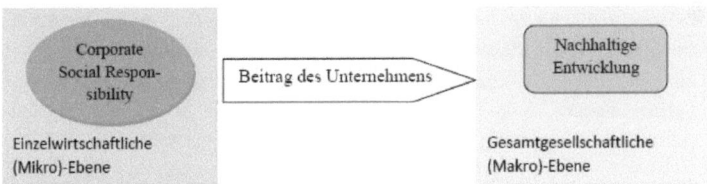

Abbildung 4 Zusammenhang von CSR und nachhaltiger Entwicklung (eigene Darstellung).

Wichtig ist die Unterscheidung zweier Ebenen: Die Makroebene beinhaltet das gesamte Umfeld und die Gesellschaft, in der das Unternehmen tätig ist und die von einem nachhaltigen Tourismus profitieren soll. Ziele sind die Entwicklung der Gesellschaft, Armutsbekämpfung, Wahrung der Menschenrechte oder Umweltschutz.

Auf der anderen Seite steht mit der mikroökonomischen Ebene das Konzept einer nachhaltigen, betriebsinternen Unternehmensführung gegenüber. Dazu gehören Aspekte wie gerechte Entlohnung, Arbeitsplatzsicherheit oder betrieblicher Umweltschutz. Somit umfasst CSR neben den drei Säulen der Nachhaltigkeit eine vierte Säule der institutionellen Nachhaltigkeit, der sie ihren Rahmen anhand von konkreten Handlungsanweisungen gibt (vgl. REIN a. STRASDAS 2015, 239).

2.3.1 Definition und Bedeutung von CSR

Milton Friedman, amerikanischer Ökonom und Vertreter der freien Marktwirtschaft, verkündete zu Beginn der 1970er Jahre: „The social responsibility of business is to increase its profits." (GOLDSCHMIDT a. HOMANN 2011, 8) Doch in Anbetracht der weltweiten Klima- und Nachhaltigkeitsdebatte wird eine Transformation zur Green Economy zur globalen Notwendigkeit. Neben der rein gewinnorientierten Maxime müssen Unternehmen künftig ihr Handeln entsprechend anpassen, um eine dauerhafte Verletzung der ökologischen Tragfähigkeit unseres Planeten zu vermeiden. Moralische und ökologische Themen gehören in Zukunft zum ökonomischen Erfolg und Unternehmen, die das nicht erkennen, bleiben mittelfristig auf der Strecke (vgl. WENZEL et al. 2009, 55). CSR schafft diese Synthese zwischen Ökonomie und Ökologie und wird daher künftig eine tragende Rolle in den Unternehmenstätigkeiten spielen (vgl. BMU 2012, 15). In Europa wurde das Thema CSR erstmals mit dem Grünbuch der Europäischen Kommission 2001 auf die politische Agenda gesetzt und beschreibt demnach:

> „ein Konzept, das den Unternehmen als Grundlage dient, auf freiwilliger Basis soziale Belange und Umweltbelange in ihre Unternehmenstätigkeit und in die Wechselbeziehungen mit den Stakeholdern zu integrieren. Sozial verantwortlich handeln heißt nicht nur, die gesetzlichen Bestimmungen einhalten, sondern (..) ‚mehr' investieren in Humankapital, in die Umwelt und in die Beziehungen zu anderen Stakeholdern."
> (EUROPÄISCHE KOMMISSION 2001, 8)

Als global agierende Unternehmen in der Tourismusbranche sind daher die Reiseveranstalter gefordert, über ihr Ziel der Gewinnmaximierung hinaus, Verantwortung für ihr Wirken, sowohl im Heimat- als auch im Zielland gegenüber der Bevölkerung und deren ökologischen Ressourcen wahrzunehmen (vgl. ARBEITSKREIS TOURISMUS & ENTWICKLUNG 2015, 1–2). Dabei müssen sich CSR und unternehmerischer Erfolg nicht ausschließen. Auch wenn eine Umstrukturierung oft kosten- und personalintensiv ist, ergeben sich auf langfristige Sicht zahlreiche Vorteile durch CSR. Es verhilft dem Unternehmen zu einem positiven Image, das neben der Kunden- auch die Mitarbeiterzufriedenheit stärkt und neue Kundengruppen anspricht. Dadurch werden Umsätze generiert und das Unternehmen kann durch einen effizienteren Ressourcenverbrauch sogar Kosten einsparen (vgl. KÜBLBÖCK WS 2014/15, Teil 5: 24–27).

2.3.2 Nachhaltigkeit auf ganzer Linie? CSR in der Wertschöpfungskette

Die Europäische Kommission (vgl. 2001, S. 9-17) differenziert in Ihrer Definition von CSR zwischen einer internen (das eigene Unternehmen betreffenden) und externen (die Stakeholder betreffenden) Dimension. Da Reiseveranstalter laut Definition Großhändler der Tourismuswirtschaft sind und ihr Produkt Reise aus mehreren Teilleistungen verschiedener Anbieter zusammenstellen (vgl. SCHMUDE a. NAMBERGER 2010, 36), gewinnt die externe Dimension an zentraler Bedeutung. Für sie liegt daher der Kernpunkt einer guten CSR-Strategie in der Wertschöpfungskette (sog. Supply Chain) und den daran beteiligten Stakeholdern.

Neben den Anspruchsträgern im Heimatland (Kunden, Mitarbeiter, Lieferanten, Kooperationen) sind vor allem die Stakeholder im Zielland entscheidend, wenn es um eine nachhaltige Gestaltung der Reise geht.[3] Zu diesen Stakeholdern zählen bei Papaya Tours u.a. Restaurants, Nationalparkverwaltungen, Hotels & Gastfamilien, Tourveranstalter, Reiseleiter/Guides, Länderbüros, Partneragenturen sowie Transportunternehmen (vgl. JONAK 2013). Diese Anspruchsträger werden auch als horizontale Glieder der touristischen Wertschöpfungskette bezeichnet, da sie unmittelbar an der Bereitstellung des Reiseproduktes beteiligt und Garant für die direkten ökonomischen Effekte des Tourismus sind. Auf der sog. vertikalen Ebene befinden sich hingegen all jene Akteure, die mittelbar zur Erstellung eines touristischen Produkts beitragen, wie z.B. die Zulieferer von Lebensmittel für Hotels und Restaurants. Durch sie entstehen die indirekten und induzierten ökonomischen Effekte (vgl. BEYER 2014, 13) (vgl. Multiplikatoreffekt, 2.1.1). Die Liste der horizontalen und vertikalen Glieder der Supply Chain wird damit unüberschaubar groß und eine Kontrolle aller Beteiligten für den Reiseveranstalter kaum realisierbar. Die Kommunikation der Forderungen und Vermittlung der nachhaltigen Leitidee zwischen dem Reiseveranstalter und seinen direkten Partnern vor Ort spielen deshalb eine tragende Rolle bei einer erfolgreichen CSR-Strategie.

2.3.3 Macht der Konzerne und Gefahr des Greenwashing

Vor dem Hintergrund der weltweit wachsenden Nachfrage im Tourismus entwickelten die Reiseveranstalter lange Zeit standardisierte Massenprodukte, um den

---

[3] Wichtige Unterscheidung: Die Stakeholder (= Anspruchsträger) im Zielland sind nicht gleich die externen Stakeholder eines Unternehmens. Zu den externen Stakeholder gehören demnach auch: Kunden, Staat, Gesellschaft etc. im Quellland.

enormen Kundenzuwachs zu befriedigen. „Masse statt Klasse" war das vorherrschende Paradigma mit dem obersten Ziel, dem Wettbewerbsdruck im Käufermarkt standzuhalten, ohne neue, vorausschauende oder nachhaltige Konzepte zu entwickeln. Als Resultat oder auch Begleiterscheinung des enormen Sektorwachstums kann die Etablierung transnationaler Reisekonzerne gesehen werden, die über die Jahre zahlreiche Glieder Ihrer Leistungskette aufgekauft haben und heute vom Flugticket bis zum Hotelzimmer häufig alles aus einer Hand anbieten können (vgl. FRIEDL 2002, 92–93). Die ersten Fusionen innerhalb der Reiseveranstalterbranche vollzogen sich bereits in den 1960er Jahren und seitdem hat sich dieser Konzentrationsprozess weiter fortgesetzt. Gegenwärtig dominieren die drei Reisekonzerne „TUI Deutschland", „Thomas Cook" und „Rewe Touristik" den deutschen Markt und erwirtschaften etwa die Hälfte des gesamten Umsatzes (vgl. STEINECKE 2011, 88–89). Indem sie Anteile von Hotels, Incoming-Agenturen oder Airlines erwerben, können sie besser auf die individuellen Wünsche ihrer Kunden eingehen und haben damit einen deutlichen Wettbewerbsvorteil (vgl. VORLAUFER 1996, 84). Dies ermöglicht ihnen auch einen besseren Einblick und Kontrolle in die Geschäftstätigkeiten ihrer Partner, weshalb sie CSR einfacher in ihre Wertschöpfungskette integrieren könnten. Stattdessen geraten große Konzerne immer wieder in Kritik, was die Glaubhaftigkeit und Wirksamkeit ihrer CSR-Aktivitäten betrifft. Durch öffentlichkeitswirksame Aktionen und PR-Kampagnen präsentieren sie sich als besonders umweltbewusst und nachhaltig, was in vielen Fällen jedoch lediglich der Imageaufbesserung und den dadurch steigenden Buchungszahlen dient. Der Begriff Greenwashing bezeichnet genau dieses Phänomen, dass Unternehmen Desinformationen streuen, um ein umweltfreundliches Image und gesellschaftliche Verantwortung zu zeigen (vgl. MÜLLER 2013, 84). Dabei spenden sie häufig kleine Beiträge für nachhaltige Zwecke oder engagieren sich für Hilfsprojekte, handeln aber im großen Stil unfair und im Widerspruch zu diesem Image, wie viele Umweltschutzverbände und NGOs kritisieren (vgl. KÜBLBÖCK WS 2014/15, Teil 5, 8). In den vergangenen Jahren sind zahlreiche grüne Siegel auf dem Tourismusmarkt erschienen, die sich die Unternehmen oft selbst verleihen, um sie als Marketinginstrument zu nutzen. Die folgende Abbildung gibt einen Überblick über die aktuellen nachhaltigen Siegel auf dem deutschen Tourismusmarkt:

Abbildung 5 Grüne Siegel auf dem Tourismusmarkt. (HAMELE 2013, 239)

Doch wie lässt sich Greenwashing von echten CSR-Bestrebungen bei der Wahl eines Reiseveranstalters unterscheiden? Um eine Qualitätssicherung zu gewährleisten, bedarf es in der heutigen Gesellschaft ein unabhängiges und transparentes Reporting. Das bedeutet, das Engagement des Unternehmens muss adäquat nach innen und außen kommuniziert und in jedem Fall von einer unabhängigen Stelle überprüft werden. Durch eine offene und selbstkritische Darstellung der Nachhaltigkeitsaktivitäten wird eine Vertrauensbasis mit der Öffentlichkeit geschaffen (vgl. REIN u. STRASDAS 2015: 258). Für den Tourismus wurde 2007 ein Leitfaden für CSR-Reporting initiiert. Das EU-Projekt führte die Kontaktstelle für Umwelt & Entwicklung (Kate) in Kooperation mit Tourism Watch (eed), dem Forum Anders Reisen e. V. und UNI europa durch. Deutsche Reiseveranstalter oder Hotels können sich seitdem von dem unabhängigen Zertifizierungssystem Tourcert überprüfen lassen und erhalten im Anschluss das Siegel „CSR-zertifiziert" (vgl. KATE E.V. et al. 2008, 2). Im Vergleich zu anderen bekannten Zertifizierungsunternehmen weist Tourcert die ausgewogenste Übereinstimmung in Bezug auf ISO 26000 und mit den dort definierten Kernthemen und Handlungsfeldern auf. Der weltweit gültige Leitfaden über CSR im Tourismus ist das Ergebnis eines jahrelangen, aufwendigen Prozesses und wurde von über 400 Experten aus den verschiedensten Bereichen erarbeitet (vgl. TOURISM WATCH 2011). Auch die Vebraucherinitiative hält Tourcert für besonders empfehlenswert (vgl. BUNDESVERBAND DER VERBRAUCHERINITIATIVE E.V. o.J.b).

Ob das CSR-Siegel einen realistischen Beitrag zu mehr Nachhaltigkeit im Tourismus leisten kann und wo die Chancen und Grenzen eines derartigen Systems liegen, soll im folgenden zweiten Teil dieser Arbeit empirisch untersucht werden.

3 Empirische Umsetzung

Im bisherigen Verlauf der Arbeit wurden die theoretischen Voraussetzungen für nachhaltigen Tourismus vorgestellt. Es wurde festgehalten, dass dieses Konzept insbesondere für EL eine zunehmend wichtige Rolle spielt, da dort der Tourismus nicht selten die wichtigste Einnahme- und Arbeitsplatzquelle ist. Damit sich die EL selbstständig entwickeln können, müssen die touristischen Einnahmen an der richtigen Stelle ankommen. Ein großer Teil der Verantwortung liegt bei dem Reiseveranstalter, da er die Schnittmenge zwischen seinen Kunden und den Leistungsträgern vor Ort darstellt (vgl. BROWN a. HALL 2006, 163). Deshalb ist eine nachhaltige Gestaltung seiner Geschäftspraktiken, insbesondere die seiner Wertschöpfungskette sehr wichtig. Um dem Konsument eine gewisse Transparenz und Sicherheit im Bezug auf sein Produkt Reise zu geben, können Zertifikate wie das bereits vorgestellte Tourcert-Siegel eine entscheidende Rolle spielen. Im folgenden zweiten Teil der Arbeit werden anhand ausgewählter Experteninterviews die Chancen und Grenzen einer Zertifizierung im Tourismus näher beleuchtet. Dabei soll untersucht werden, inwieweit diese das Potential besitzt die CSR-Praktiken eines Reiseveranstalters zu optimieren um den Tourismus zukunftsfähiger zu gestalten und die Entwicklung voranzutreiben.

3.1 Qualitatives Forschungsdesign: Experteninterview

Von einer quantitativen Erhebung wurde bei dieser Arbeit abgesehen, da der Informationsgehalt eines standardisierten Fragebogens als zu gering eingestuft wurde. Vielmehr erschien es von Bedeutung die detaillierten und expliziten Stellungnahmen zu dem Thema zu hinterfragen, weshalb sich eine qualitative Herangehensweise mithilfe problemzentrierter Experteninterviews anbot. Bei dieser Form des Interviews verfügt der Forscher bereits vor dem Gespräch über ein theoretisches Grundverständnis des Sachverhalts. Diese theoretischen Vorstellungen werden durch das Interview mit der sozialen Realität konfrontiert, plausibilisiert oder modifiziert (vgl. LAMNEK 2005, 382). Die einzelnen Fragen wurden bereits vor dem Interview ausformuliert, jedoch an der einen oder anderen Stelle im Laufe des Gesprächs angepasst, um den natürlichen Gesprächsfluss am Laufen zu halten. Aufgrund der ausführlichen Antworten konnte auf einzelne Fragen sogar gänzlich verzichtet werden. Um ein möglichst differenziertes Bild über die Einschätzung zum Zusammenhang zwischen Nachhaltigkeit und Zertifizierung im Tourismus zu gewinnen, wurden drei Experten aus verschiedenen Institutionen interviewt. Da die Befragten jeweils einen unterschiedlichen Bezug zur Thematik hatten, wurde von der Erstellung eines Leitfadens abgesehen und die Fragen für jeden einzeln formuliert.

3.1.1 Auswahl der Interviewpartner und Ablauf

Aufgrund eines zuvor absolvierten Praktikums bei dem Reiseveranstalter Papaya Tours, war bereits ein gewisser Einblick in die Unternehmenspraktiken gegeben. Das erste Experteninterview fand mit der CSR-Beauftragten und ehemaligen Vorgesetzten des Unternehmens statt und soll die Sichtweise eines deutschen Reiseveranstalters auf das Tourcert-Siegel und seine Auswirkungen näher beleuchten. Das Interview fand im Papaya Tours Büro in Köln statt und wurde mit dem Einverständnis der befragten Person mittels Diktiergerät aufgezeichnet und anschließend transkribiert. Die Transkription erfolgte wörtlich, es wurden jedoch ein paar einfache Regeln beachtet, um die Aussagen verständlicher festzuhalten. Umgangssprachliche Ausdrücke und Dialekte wurden möglichst wortgenau ins Hochdeutsche übersetzt, Wortwiederholungen, Satzbrüche oder Verständnissignale wie „ähm" oder "mhm" ausgelassen und längere Sprachpausen durch (..) gekennzeichnet (vgl. DRESING a. PEHL 2015, 21). Um die Auswirkungen der Zertifizierung auf die Destination zu untersuchen, wurde als zweiter Interviewpartner der Leiter des Papaya Tour Büros in Arequipa, Peru ausgewählt. Auch hier war die Kontaktaufnahme problemlos, lediglich einen passenden Termin für ein Telefoninterview zu finden gestaltete sich aufgrund der Zeitverschiebung und dem Arbeitspensum des Interviewpartners zu diesem Zeitpunkt als schwierig. Deshalb wurde sich darauf geeinigt, die Fragen per E-Mail zu beantworten. Um seine Ansichten und Meinungen zu dem Thema besser zum Ausdruck zu bringen, wurden die Fragen auf Spanisch gestellt und beantwortet.

Als dritter und letzter Experte wurde der Leiter der Zertifizierungsstelle von Tourcert befragt. Aus Gründen der Distanz wurde dieses Interview mithilfe der Kommunikationsplattform Skype durchgeführt, mit einer speziellen Software aufgezeichnet und anschließend nach den bereits geschilderten Regeln transkribiert.[4]

---

[4] Die vollständigen Transkripte der Expertengespräche sind dem Anhang beigefügt.

3.1.2 Kurze Vorstellung von Papaya Tours

Den Wandel von der fordistischen Produktionswiese zur flexiblen Spezialisierung im Tourismussektor (vgl. STEINECKE 2011, 197) hat auch das mittelständische Unternehmen Papaya Tours erkannt und bietet seit der Unternehmensgründung eigens konzipierte Gruppen- und Individualreisen in die meisten Länder Süd- und Mittelamerikas an. Die stetig wachsenden Buchungszahlen lassen sich auf den aktuellen Reisetrend und die Zunahme der LOHAS zurückführen. Mit eigenen Partnerbüros in Peru, Argentinien und Ecuador können individuelle Kundenwünsche schneller angepasst sowie Konzepte und Ideen leichter an die lokalen Leistungsträger kommuniziert werden. Der Nachhaltigkeitsgedanke ist bereits seit Geschäftsgründung präsent und so sind die Mitgliedschaft beim Forum Anders Reisen (einem Verband nachhaltiger Reiseveranstalter) seit 2006 und die Erstzertifizierung durch Tourcert im März 2011 fast logische Konsequenz einer von Gründung an gelebten Unternehmensphilosophie (vgl. WINTJEN 2013, 1). Im Kapitel 2.2 konnte mithilfe der Praxisbeispiele bereits ein Eindruck gewonnen werden, wie Papaya Tours nachhaltigen Tourismus auf seinen Reisen umsetzt.

3.2 Vorstellung der Ergebnisse

In diesem Abschnitt werden die gewonnen Erkenntnisse aus den Experteninterviews dargelegt. Der erste Teil bezieht sich allgemein auf das Zertifizierungsunternehmen Tourcert, den Kriterienkatalog und die Abgrenzung zu anderen, vergleichbaren Systemen. Hierfür wurden die Antworten aus dem Gespräch mit dem Leiter der Zertifizierungsstelle herangezogen. Im zweiten Teil wird dann genauer auf die positiven und negativen Auswirkungen eingegangen, die das Zertifikat sowohl intern auf das Unternehmen als auch auf die Arbeit im Zielland hatte. Interessant waren dabei die verschiedenen Meinungen zum CSR-Siegel. Während aus Sicht der CSR-Beauftragten in Deutschland nur wenige Vorteile durch die Zertifizierung offengelegt wurden, ist die Meinung über das Zertifikat und seine Auswirkungen bei den Mitarbeitern in der Destination Peru durchaus positiv.

3.2.1 Merkmale des Tourcert-Zertifikats

Abbildung 6 Tourcert-Siegel (TOURCERT 2014,1)

Das Zertifizierungsunternehmen Tourcert ist ein gemeinnütziges Unternehmen das 2009 gegründet wurde. Laut dem befragten Experten entwickelte sich die ursprüngliche Idee jedoch bereits vor etwa 15 Jahren, als die Gesellschaft KATE und das Forum Anders Reisen begannen, Studien zu nachhaltigem Tourismus durchzuführen. Es wurden Ideen entwickelt, wie Reiseveranstalter künftig verantwortungsvoller wirtschaften können und man hat daraufhin ein entsprechender Leitfaden erstellt. Als Bestätigung für diese Bemühungen entstand die Idee ein Zertifizierungsunternehmen mit einem Siegel zu gründen. Mittlerweile tragen siebzig Reiseveranstalter, sieben Reisebüros und fünf Hotels das Tourcert-Siegel (siehe Abbildung 6) (vgl. Experteninterview mit T 2016). Für den Erhalt des Zertifikats müssen die Betriebe ihre Geschäftstätigkeiten anhand eines aufwendigen Verfahrens prüfen lassen, indem verschiedene Daten zur Verantwortung des Unternehmens erhoben werden. Kontrolliert wird das CSR-Engagement von einem unabhängigen Zertifizierungsrat und im Anschluss durch einen öffentlichen Nachhaltigkeitsbericht belegt. Im Folgenden wird ein Überblick über die Kerninhalte des Kriterienkatalogs gegeben, über die ein zertifiziertes Unternehmen in regelmäßigen Abständen Daten und Zahlen offenlegen muss:[5]

1. **Management:** nachhaltiges Leitbild, CSR-Beauftragte, Achtung der Menschenrechte, Schutz vor Kinderarbeit etc.
2. **Wirtschaftsdaten:** zur ökonomischen Nachhaltigkeit (Umsatzstruktur,- Rendite, pro Mitarbeiter etc.)

---

[5] Der vollständige Kriterienkatalog befindet sich im Anhang der Arbeit.

3. **Reiseangebot:** Angebotsportfolio (Zahl der Reiseangebote, Reisenden, Reisedauer) und Angebotsgestaltung (CO_2 Emissionen durch Flug/Übernachtung)
4. **Kunden:** (Kundenzufriedenheit und Kundeninformation über Grad und Qualität der Nachhaltigkeit)
5. **Mitarbeiter:** (Schulungen, Bezahlung, Beschäftigungsstruktur, Zufriedenheit etc.)
6. **Unternehmensökologie:** (Energieverbrauch: Strom, CO_2 Emission, CO_2 Kompensation von Dienstreisen, Beschaffung, Papier)
7. **Leistungsträger in der Wertschöpfungskette:** (Befragungen der Partneragenturen, Reiseleiter, Hotels)
8. **Community Involvement:** Unterstützung von nachhaltigen Initiativen oder Projekten (TOURCERT 2014)

Die Befragungen der externen Leistungsträger (siehe Punkt 7) beziehen sich unter anderem auf den Wasser- und Energieverbrauch der Hotels, die Beschäftigungs- und Umsatzstruktur der Mitarbeiter sowie die Beschaffung der Lebensmittel von einheimischen Betrieben (vgl. KATE E.V. et al. 2008, 2). Der letzte genannte Punkt beschreibt einen Linkage-Effekt zur einheimischen Landwirtschaft und kann bereits an dieser Stelle durchaus positiv im Hinblick auf die regionale Entwicklung bewertet werden.

Wie man dem Kriterienkatalog entnehmen kann, werden alle drei Dimensionen des nachhaltigen Tourismus angesprochen. Aspekte wie die Verpflichtung zur Achtung der Menschenrechte, Umfragen zur Mitarbeiterzufriedenheit oder die Unterstützung von kulturellen Projekten im Zielland beziehen sich auf die soziokulturelle Dimension. Auf die Umwelt (ökologische Dimension) wird sowohl betriebsintern mit Sparmaßnahmen zum Energie- und Papierverbrauch als auch auf den Reisen selbst geachtet (CO_2 Kompensation der Flüge und Befragung der Hotels zur Müllentsorgung oder dem Wasserverbrauch). Auf der ökonomischen Ebene müssen Daten zur Mitarbeiterbezahlung, Beschäftigungsstruktur oder zum Anteil des Umsatzes, der ins Reiseland fließt, erhoben werden. Durch diesen Fokus auf alle drei Dimensionen hebt sich Tourcert laut eigener Aussage von vergleichbaren Zertifizierungsunternehmen ab, die meist lediglich die ökologischen Aspekte betrachten. Außerdem ist es deutschlandweit das einzige Unternehmen, das Reiseveranstalter zertifiziert, da der Einfachheit halber meist Hotels geprüft werden. Ein dritter Punkt, den das Unternehmen nach Aussage des Befragten von vergleichbaren Mitstreitern unterscheidet, ist die Prozessorientierung der Zertifizierung und der Fokus auf dem Empowerment. Letzteres bedeutet, dass die beteiligten Mitarbeiter und Geschäftsführer der Unternehmen entsprechend ausgebildet werden und genau wissen, was CSR und Nachhaltigkeit im Tourismus bedeuten, um nach diesem Leitbild das Management selbstständig aufrechtzuerhalten. Die Prozessorientierung spielt dabei eine entscheidende Rolle. Der Befragte argumentiert, dass es nicht wie bei anderen Zertifikaten darum gehe, einen gewissen Prozentsatz an Kriterien abzuhaken, sondern es soll ein kontinuierlicher Verbesserungsprozess stattfinden. Marketingtechnisch sei es zwar eine Herausforderung, dies an die Kunden zu kommunizieren, doch nachhaltiger Tourismus kann auch nie zu 100% erreicht werden (vgl. Experteninterview mit T 2016). Die Erstellung eines Verbesserungsprogramms ist deshalb ein verpflichtender Bestandteil der Zertifizierung. Checklisten oder Kriterienkataloge sind zwar wichtige Beiträge für einen zukünftigen nachhaltigen Tourismus, doch fehlt ihnen die notwendige Operationalisierung (vgl. Punkt 2.2.3). Denn neben der Formulierung der Ziele müssen dafür auch Instrumente zur Messung des Ist- und Soll-Zustands der CSR-Aktivitäten bereitgestellt werden (vgl. BAUMGARTNER 2004, 93), auf die das Verbesserungsprogramm von Tourcert zurückgreift.

3.2.2 Positive Auswirkungen und Chancen der Zertifizierung

Jeder der befragten Experten konnte der Zertifizierung positive Auswirkungen in Bezug auf die interne und externe Unternehmenstätigkeit zuschreiben. Aus Sicht des deutschen Reiseveranstalters wurde bekanntgegeben, dass bedingt durch die Zertifizierung im Jahr 2011 betriebsintern einige Maßnahmen konsequenter durchgesetzt wurden. Diese waren zwar zuvor bereits oft in Planung, wurden allerdings hinter das Tagesgeschäft gestellt und somit nur mäßig vorangebracht. Durch den Druck von Tourcert und dem zu erstellenden Verbesserungsprogramm gewannen Themen wie Mitarbeiterschulungen zu CSR oder Energieverbrauch mehr Bedeutung. Außerdem hat das Siegel das Bewusstsein zum Thema Nachhaltigkeit innerhalb der Mitarbeiter im Kölner Büro deutlich gestärkt. Bei der Frage, wie sich die Zertifizierung auf die Arbeit in den Destinationen ausgewirkt hat, hat man im deutschen Büro nicht allzu viel mitbekommen, da dies in der Verantwortung der eigenen Büros im Ausland liegt. Jedoch ist sich die Befragte sicher, dass durch die Zertifizierung die Partnerbüros zunehmend für das Thema Nachhaltigkeit und CSR sensibilisiert wurden (vgl. Experteninterview mit H. 2016). Diese Annahme wurde beim Interview mit dem Leiter von Papaya Tours in Peru bestätigt. Vor Ort wissen alle Mitarbeiter von dem Siegel und sind stolz darauf es zu tragen, da ihnen eine nachhaltige Wirtschaftstätigkeit und gerechte Entwicklung ihres Landes sehr am Herzen liegt:

> „Das Siegel bedeutet für mich eine positive Wirkung auf die Gesellschaft und die Region zu haben, welche unsere Kunden besuchen. Es ist die Sicherheit, dass wir die Richtung zu einem nachhaltigen Tourismus einschlagen. Das Wichtigste ist dabei die Überzeugung, dass wir unseren Kunden damit zeigen können, dass es uns wichtig ist unser Land, seine Bewohner und die Umwelt zu schützen. Die Effekte waren sehr positiv bei allen im Papaya Büro in Arequipa." (Experteninterview mit J.2016)

Der Befragte macht deutlich, dass das Siegel durchaus positive Auswirkungen auf das Bewusstsein der Mitarbeiter hatte. Die nachhaltige Orientierung kann man mithilfe des Zertifikats auch an die Kunden kommunizieren. Zudem merkt der Befragte an, dass man vor Ort erst durch die Zertifizierung festgestellt hat, dass in Bezug auf die ökonomische und sozio-kulturelle Dimension bereits nachhaltig gewirtschaftet wurde. Dies führt er zum einen auf die Bestrebungen von Papaya Tours zuvor und zum anderen auf die bereits existierenden staatlichen Regulierungen zurück.[6] Jedoch haben durch die Zertifizierung erstmals auch ökologische Aspekte wie Recycling die notwendige Anerkennung in Peru bekommen. Außerdem trägt das Siegel aufgrund der engen Zusammenarbeit innerhalb der Wertschöpfungskette zu einem stärkeren CSR-Bewusstsein bei allen Stakeholdern bei. So wurde bei der Analyse der einzelnen Leistungsträger (Punkt 7) überraschenderweise festgestellt, dass bereits die Meisten die CSR-Kriterien erfüllten. Denjenigen Stakeholdern, deren Aktivitäten noch nicht den Anforderungen entsprechen, macht man deutlich, dass deren Erfüllung eine wichtige Voraussetzung für das weitere Bestehen der Zusammenarbeit ist. Dabei betont der Befragte, dass er nichts davon hält, CSR mithilfe von Sanktionen durchzusetzen, sondern lobt an dieser Stelle die deutsche Organisation mit ihren Bestrebungen die Kriterien auf eine natürliche und erzieherische Basis in das Unternehmen zu implementieren. An dieser Stelle bedauert er, dass es zum Thema CSR in Peru leider kaum Aufklärungsarbeit gibt (vgl. Experteninterview mit J. 2016).

Zusammenfassend kann festgehalten werden, dass durch die Zertifizierung vor allem betriebsintern einiges angepasst werden musste und CSR-Themen, wie Mitarbeiterschulungen oder sparsamer Papierverbrauch Vorrang bekommen ha-

---

[6] Laut dem Befragten kontrolliert die peruanische Regierung mittlerweile die Gleichberechtigung beider Geschlechter am Arbeitsplatz und verbietet Kinderarbeit und Menschenhandel.

ben. Aufgrund der nachhaltigen Unternehmensphilosophie von Beginn an wurden bislang am Reiseangebot im Zielland keine Anpassungen vorgenommen. Allerdings hat die Zertifizierung das Bewusstsein geschärft und die bisherige Arbeitsweise, auch bei den Leistungsträgern, bestätigt. Wichtig anzumerken ist die verstärkte Wahrnehmung und Kontrolle ökologischer Nachhaltigkeitsaspekte (wie Recycling), die erst durch das Zertifikat vor Ort an Bedeutung gewonnen haben.

3.2.3 Grenzen und Schwachstellen der Zertifizierung

Vor allem beim Gespräch mit der CSR-Beauftragten in Deutschland wurden eine Reihe von Mängel und Grenzen des Siegels deutlich. Laut dieser hätte sich das Unternehmen wahrscheinlich nicht für eine Zertifizierung entschieden, wären sie nicht als aktives Mitglied vom Form Anders Reisen 2011 dazu verpflichtet worden. Denn das Siegel hat sich bisher weder auf die Buchungszahlen, noch auf das Image des Veranstalters positiv ausgewirkt. Der Mehraufwand an Arbeit, der mit den vielen kleinen Anpassungen intern verbunden war, hat sich deshalb aus ökonomischer Sicht nicht wirklich gelohnt. Auch die Frage, ob man das Zertifikat zu Marketingaspekten verwendet, wurde verneint, da das Tourcert-Siegel beim Endkunden noch nicht bekannt ist. Das liegt zum einen daran, dass es aktuell zu viele Siegel auf dem deutschen Tourismusmarkt gibt, aber auch an der fehlenden Kommunikation an den Endkunden seitens Tourcert (vgl. Experteninterview mit H. 2016). Die weitestgehende Unbekanntheit beim Verbraucher ist auch ein Problem, das Tourcert im Gespräch selbst benennt. Der Kunde ist angesichts der vielen Siegel verwirrt und macht es deshalb nicht zu seinem Kaufkriterium. Deshalb betreibt die Gesellschaft seit einem Jahr verstärkt Marketing für das Siegel, weist jedoch darauf hin, dass das primär die Aufgabe der Reiseveranstalter selbst ist. Denn diese stehen im direkten Kontakt zu ihren Kunden und sind daher besser in der Lage ihre betriebseigenen Nachhaltigkeitsbestrebungen zu kommunizieren (vgl. Experteninterview mit T 2016).

Auch strukturell weißt das Siegel Mängel auf, wirft man einen kritischen Blick auf den Kriterienkatalog. Erhebungen zur Kunden- und Mitarbeiterzufriedenheit oder zum Papier- und Energieverbrauch im Quellland sind zwar wichtige Informationen, wenn es um das allgemeine Verständnis von Nachhaltigkeit geht. Denn laut Definition der UNWTO (vgl. Punkt 2.2) sollen auch die Kunden und die Tourismusindustrie profitieren. Jedoch können sie keine Aussage über die Auswirkungen des Tourismus auf die Entwicklung im Zielland machen. Der Fokus auf den betriebsinternen Aspekten wurde auch von Papaya-Tours mit der Begründung bestätigt, dass interne CSR-Aspekte leichter zu kontrollieren und schneller durchzuführen sind (vgl. Experteninterview mit H. 2016). Dabei bleibt fraglich, ob diese breite Palette nicht vom eigentlichen Sinn des nachhaltigen Tourismus, nämlich die Situation im Zielland zu verbessern, ablenkt. Punkt acht des Katalogs umfasst die Geldspenden, die in bestimmte Projekte vor Ort fließen und ist zwar generell als sehr positiv zu bewerten, leistet allerdings auch keinen direkten Beitrag zu einer endogenen Entwicklung. Die Verpflichtungen zur Einhaltung von Menschenrechts- oder Kinderschutzklauseln wirken auf den ersten Blick sehr positiv, fallen aber im Fall Peru hinter die bereits existierenden gesetzlichen Bestimmungen des Landes zurück. Wie es auch in der Definition der Europäischen Kommission geschrieben steht (vgl. Punkt 2.3.1), sollte CSR über die bereits vorgeschriebenen Regelungen hinausgehen und darf diese nicht ersetzen. Lediglich Punkt sieben des Kriterienkatalog bezieht sich auf die Analyse der Leistungsträger, obwohl genau deren Nachhaltigkeitsbestrebungen entscheidend sind (vgl. Punkt 2.3.2). Tourcert setzt hier laut eigener Aussage auf Vertrauensbasis, was bedeutet, dass sich Hotels oder Agenturen selbst in Bezug auf Ihre CSR-Aktivitäten bewerten können (vgl. Experteninterview mit T 2016). Um eine wahrheitsgemäße Aussage zu garantieren, lässt der Reiseveranstalter die einzelnen Partner von den Reiseleitern und eigenen Mitarbeiter überprüfen, was jedoch vom Zertifikat nicht verpflichtend vorgeschrieben wird.

Bei der Frage nach der Überprüfung der externen Träger gab die Befragte von Papaya Tours in Deutschland außerdem bekannt, dass laut dem Zertifikat nur die Zielregionen untersucht werden müssen, in die 80% der Kunden reisen. Das beschränkt sich bei Papaya Tours auf die Länder mit den eigenen Büros Argentinien, Ecuador und Peru (vgl. Experteninterview mit H. 2016). Dass in den vielen anderen Ländern, die Papaya Kunden bereisen gar keine Kontrollen vorgenommen werden müssen, kann als weitere Schwachstelle des Zertifikats gesehen werden.

Eine letzte genannte Grenze des Siegels und allgemein des Konzepts des nachhaltigen Tourismus, die sowohl vom Befragten Veranstalter in Deutschland als auch in Peru genannt wurde, ist die problematische Anwendbarkeit der Kriterien (vgl. 2.2.3) aufgrund der Angebotsabhängigkeit bei der Gestaltung einer Reise. Da Länder wie Peru infrastrukturell noch sehr wenig ausgebaut sind, gibt es an manchen Orten nur eine sehr beschränkte Auswahl an Tourveranstaltern oder Unterkünften. Dass Partner wegen mangelnder CSR gewechselt werden, ist daher in vielen Fällen nicht realistisch (vgl. Experteninterview mit J. 2016). Somit geht es vor allem darum, an einem bestimmten Ort das „nachhaltigste" Angebot auszuwählen (vgl. Experteninterview mit H.2016).

3.2.4 Zusammenfassung

„Das heißt unser Ziel ist es nicht durch die Zertifizierungen möglichst viele Umsätze zu generieren, sondern das Ziel ist wirklich den Tourismus weltweit nachhaltiger zu gestalten. Und wir haben eben gesagt Zertifizierung ist ein Tool um das zu erreichen. Wenn wir irgendwann feststellen sollten, dass das überhaupt nichts bewirkt, dann müssten wir uns ernsthaft fragen, ob wir auch so weitermachen wollen. (...) Gleichzeitig ist es aber so, dass wir, um das zu erreichen, in den Unternehmen ansetzen müssen. Das heißt wir müssen erst einmal die Unternehmen dabei unterstützen, dass die auch wirklich ihre internen Prozesse so organisieren, dass sie nachhaltig wirtschaften können. Und darauf aufbauend sind sie dann eben auch in der Lage ihre Angebote nachhaltig zu gestalten." (Experteninterview mit T 2016)

Aufbauend auf dieser Aussage von Tourcert und den vorgestellten Ergebnissen der Interviews kann an dieser Stelle zusammenfassend festgehalten werden, dass derartige Siegel künftig durchaus die Chance haben den Tourismus nachhaltiger zu gestalten. Durch die Zertifizierung und die betriebsinternen Anpassungen will Tourcert erreichen, dass CSR nicht als separater Teil an die Geschäftstätigkeit angehängt wird, sondern das Thema in das Kerngeschäft integrieren und jegliche Unternehmensaktivitäten miteinschließen. Die eher negative Einstellung zum Zertifikat beim Reiseveranstalter in Deutschland kann damit begründet werden, das sich das Unternehmen bereits zuvor stark für nachhaltigen Tourismus eingesetzt hat und aufgrund des noch geringen Bekanntheitsgrades des Siegels kaum positive Auswirkungen durch die Zertifizierung feststellen konnte. Deutlich vielversprechender war die Meinung dagegen in der Destination, wie bei dem Interview mit Leiter des Partnerbüros in Peru deutlich wurde. Durch Initiativen wie Tourcert wird das Bewusstsein und Wissen über CSR und Nachhaltigkeit im Zielland geschärft. Dabei sind Freiwilligkeit und erzieherische Aufklärung wichtige Faktoren für eine erfolgreiche Umsetzung von CSR in EL (wie in Südamerika). Es ist deutlich geworden, dass das Zertifikat nicht die gewünschte externe Kontrolle im Zielland garantieren kann, da dies über die mögliche Reichweite der gemeinnützigen Gesellschaft hinausgeht. Es soll vielmehr ein Ansporn sein und Werkzeuge bereitstellen, mit denen die Reiseveranstalter selbst ihre Leistungskette beeinflussen und kontrollieren können.

Ein großes Defizit bleibt nach wie vor die fehlende Bekanntheit von Tourcert. Allerdings muss sich jedes Siegel zunächst auf dem Verbrauchermarkt etablieren und das dauerte auch bei den heute so erfolgreichen Lebensmittelsiegeln einige Jahre. Des Weiteren ist die Entscheidung über die passende Reise nicht so schnell getroffen wie über das passende Produkt in der Lebensmittel- oder Kleidungsindustrie (vgl. Experteninterview mit T 2016). Auch wenn das Zertifikat noch einen weiten Weg vor sich hat um ein direktes Kaufkriterium beim Endverbraucher zu werden und somit den Tourismus weitreichend nachhaltiger zu gestalten, so geht es auf jeden Fall in die richtige Richtung.

Die befragten Experten sind sich einig, dass sich ein derartiges Siegel künftig auch bei größeren Reiseveranstaltern etablieren kann, da sich der Wandel zu mehr Verantwortung und Nachhaltigkeit in der Wirtschaft nicht stoppen lasse. Damit es eines Tages vielleicht zum direkten Kaufkriterium wird, müsse abgesehen von verbessertem Marketing auch die Politik intervenieren und die Etablierung einiger weniger, vertrauensvoller und unabhängiger Siegel vorantreiben (vgl. Experteninterview mit T 2016).

4 Fazit und Ausblick

Auf Basis der theoretischen Abhandlung und der empirischen Untersuchung wird abschließend auf die zu Beginn gestellten Fragestellungen zu den Chancen und Grenzen der Zertifizierung sowie zur Rolle der IL beim Tourismus in EL eingegangen. Damit sollen die gewonnenen Erkenntnisse der Arbeit zusammengefasst werden.

4.1 Das Potential von CSR-Siegeln für die Entwicklung

Tourismus ist ein Käufermarkt - somit liegt das Zukunftspotential von einem nachhaltigen Tourismus maßgeblich in der Hand der Konsumenten. Die Wahl des Reiseveranstalters kann durch vertrauensvolle Zertifikate beeinflusst werden, da die heutige Gesellschaft immer weniger Zeit hat, sich detailliert über die Aktivitäten der einzelnen Anbieter zu informieren. Wirft man einen Blick zurück auf die Einleitung der Arbeit und die dort vorgestellte Personengruppe der LOHAS, so existiert bereits der kritische Verbraucher, der durchaus an nachhaltigen und authentischen Reiseerlebnissen interessiert ist.

Nachdem sich der Theorieteil auf die entwicklungspolitischen Hintergründe und das Konzept des nachhaltigen Tourismus konzentrierte, wurde im zweiten empirischen Teil der Arbeit die konkrete Umsetzung im Unternehmen untersucht. Dabei konnte festgestellt werden, dass das Tourcert- Zertifikat wichtige Informationen vermittelt, wie nachhaltiger Tourismus konkret umgesetzt werden kann. Es überprüft den Prozentsatz der Einnahmen, die in der Destination verbleiben, kontrolliert faire Arbeitsbedingungen und Bezahlungen und stellt Mittel bereit, wie der Reiseveranstalter seine Leistungsträger überprüfen kann. Für die Unterbringung werden Hotels vorgesehen, die von Einheimischen geführt und beliefert werden. Damit beinhaltet der Kriterienkatalog eine Reihe von Maßnahmen, die eine zukunftsfähige und endogene Regionalentwicklung unterstützen.

Bis auf eventuelle Einsparungen in der Betriebsökologie hat das Zertifikat aus betriebswirtschaftlicher Sicht bislang für den untersuchten Veranstalter keine Vorteile und wird nicht einmal bei der Marketingstrategie verwendet. Nicht zuletzt aufgrund der nachgewiesenen und für den Kunden offengelegten CSR-Bestrebungen, kann der Vorwurf des Greenwashings beim untersuchten Veranstalter eindeutig abgewiesen werden.

4.2 Künftige Herausforderungen bei der Umsetzung eines nachhaltigen Tourismus

Insbesondere die Kontrolle der Leistungsträger kann von Zertifizierungsunternehmen nur unzureichend geprüft werden und obliegt deshalb der Verantwortung der Reiseveranstalter. Die Kommunikation der Nachhaltigkeitskriterien innerhalb der Wertschöpfungskette wird daher in Zukunft eine entscheidende Rolle bei der Umsetzung eines effizienten CSR-Managements spielen müssen. Durch die Zusammenarbeit mit eigenen Partnerbüros haben Unternehmen wie Papaya Tours entscheidende Vorteile.

Doch kann das Zertifikat noch so positive Auswirkungen auf die Destination haben; problematisch bleibt die zu geringe Marktabdeckung. Die Mitglieder des Forum Anders Reisen, die einem Großteil der von Tourcert geprüften Reiseveranstalter entsprechen, generieren aktuell weniger als 1% der gesamten Umsätze in der Reiseveranstalterbranche (vgl. REIN a. STRASDAS 2015, 181). Dem gegenüber stehen mit etwa der Hälfte der Buchungszahlen die drei größten Konzerne der deutschen Tourismusindustrie. Um deshalb in nennenswertem Maße etwas im Zielland zu bewirken, müssen sich auch die Aktivitäten der großen Konzerne verändern. Denn ohne die Einnahmen aus dem hochpreisigen Massentourismus ist auch keine regionale Entwicklung im Sinne von Armutsbekämpfung oder Naturschutzfinanzierung realistisch (vgl. REIN a. STRASDAS 2015, 34). Laut dem Tourismusexperten Heinz Fuchs ist es Aufgabe der Politik dafür zu sorgen, dass CSR im Sinne einer genauen Durchleuchtung der Wertschöpfungskette bei großen Konzernen verpflichtend wird (vgl. TOURISM WATCH o.J.). Denn wie auch schon die UN Millenniumsentwicklungsziele gezeigt haben: „was nicht gemessen wird, wird nicht getan!" (BROCKHAUS 2016)

4.3 Die Rolle der IL: Zwischen Ausbeutung und Verantwortung

Ob landwirtschaftliche Soja-Monokulturen für die nordamerikanische Viehzucht, umweltbelastende Schwerindustrie oder ausbeuterische Kinderarbeit in asiatischen Textilfabriken – die Globalisierung hat in vielerlei Hinsicht die Dependenzstrukturen der EL verstärkt. Auch wenn dies in gewissem Maße auf die dominierenden Tourismuskonzernen zutrifft, liegt der Unterschied darin, dass Tourismus auch durchaus positive ökonomische, ökologische und soziale Auswirkungen haben kann (vgl. KAGERMEIER 2016, 328). Durch Initiativen wie dem CBT-Tourismus und der gezielten Förderung von Linkage-Effekten haben die Regionen das Potential, sich selbstständig und endogen zu entwickeln. Insbesondere mit Blick auf

Umweltschutzmaßnahmen können die IL eine Vorreiterrolle darstellen und die EL mit dem notwendigen Know-How unterstützen (vgl. ROGALL 2012, 474). Aufgrund fehlender staatlicher Regulierungen und einheimischem Wissen in den EL können Reiseveranstalter zu einer nachhaltigeren Nutzung der Ressourcen beitragen, wie im zweiten Teil der Arbeit festgestellt werden konnte. Denn erst durch die Zertifizierung und die dadurch kommunizierten CSR-Maßnahmen haben Umweltschutzaspekte die notwendige Anerkennung in Peru bekommen. Es liegt deshalb in der Verantwortung der westlichen Reiseveranstalter, die Destinationen aufzuklären, dass es nicht darum geht, möglichst viele Touristen ins Land zu holen, sondern dass die qualitativen Aspekte von Nachhaltigkeit im Vordergrund stehen sollten (vgl. ADERHOLD 2013, XXXI). Um abschließend noch einmal auf die zu Beginn gestellte Fragestellung einzugehen, bleibt an dieser Stelle zweifellos festzuhalten, dass einzelne Unternehmen mit ihren Aktivitäten im Ausland nicht allein zu einer regionalen Entwicklung beitragen können. Denn für die Umsetzung der CSR Maßnahmen bedarf es einer verbesserten Zusammenarbeit aller Akteure der Gesellschaft. Die Rahmenbedingungen für funktionierende Tourismuskonzepte müssen auch von der örtlichen Politik gestellt und unterstützt werden, beispielsweise indem einheimische Industrien subventioniert oder ausländische Firmen besteuert werden. Nichtsdestotrotz konnte aufgezeigt werden, dass einzelne Initiativen, wie die von Tourcert, einen direkten positiven Einfluss auf die Regionen und das Bewusstsein der Bevölkerung ausüben können und geben daher Grund zur Hoffnung.

Literaturverzeichnis

ADERHOLD, P. (ed.) (2013): Tourismus in Entwicklungs- und Schwellenländer. Eine Untersuchung über Dimensionen, Strukturen, Wirkungen und Qualifizierungsansätze im Entwicklungsländer-Tourismus - unter besonderer Berücksichtigung des deutschen Urlaubsreisemarktes. Seefeld.

BAUMGARTNER, C. (2004): Nachhaltigkeit im Tourismus als regionale Herausforderung - weltweit. In: LUGER, K. a. BAUMGARTNER, C. (eds.): Ferntourismus wohin? Der globale Tourismus erobert den Horizont. Tourismus Bd. 8. Innsbruck, München [u.a.], 89–107.

BAUMGARTNER, C. (2013): Armutsminderung durch Tourismus. In: ADERHOLD, P. (ed.): Tourismus in Entwicklungs- und Schwellenländer. Eine Untersuchung über Dimensionen, Strukturen, Wirkungen und Qualifizierungsansätze im Entwicklungsländer-Tourismus - unter besonderer Berücksichtigung des deutschen Urlaubsreisemarktes. Schriftenreihe für Tourismus und Entwicklung. Seefeld, 213–217.

BEYER, M. (2014): Handbuch Tourismusplanung in der Entwicklungszusammenarbeit. Bonn, Eschborn.

BEYER, M.; HÄUSLER, N. a. STRASDAS, W. (2007): Tourismus als Handlungsfeld der deutschen Entwicklungszusammenarbeit. Grundlagen, Handlungsbedarf und Strategieempfehlungen. Eschborn.

BROWN, F. a. HALL, D. (2006): Tourism and Welfare. Ethics, Responsibility and Sustained Well-being. Cambridge.

DRESING, T. a. PEHL, T. (2015): Praxisbuch Interview, Transkription & Analyse. Anleitungen und Regelsysteme für qualitativ Forschende. Marburg.

EUROPÄISCHE KOMMISSION (2001): Europäische Rahmenbedingungen für die soziale Verantwortung der Unternehmen. Grünbuch. Luxemburg.

FREYER, W. (2007): Tourismus-Marketing. Marktorientiertes Management im Mikro- und Makrobereich der Tourismuswirtschaft. Lehr- und Handbücher zu Tourismus, Verkehr und Freizeit. München.

FRIEDL, H. A. (2002): Tourismusethik. Theorie und Praxis des umwelt- und sozialverträglichen Fernreisens. München, Wien.

GOLDSCHMIDT, N. a. HOMANN, K. (2011): Die gesellschaftliche Verantwortung der Unternehmen. München.

HAMELE, H. (2013): DestiNet: Mehr Transparenz im nachhaltigen Tourismus. In: ADERHOLD, P. (ed.): Tourismus in Entwicklungs- und Schwellenländer. Eine Untersuchung über Dimensionen, Strukturen, Wirkungen und Qualifizierungsansätze im Entwicklungsländer-Tourismus - unter besonderer Berücksichtigung des deutschen Urlaubsreisemarktes. Schriftenreihe für Tourismus und Entwicklung. Seefeld, 239–244.

HÖRMANN, P. (2012): Ich bin ein Lohas! In: IHK Baden-Württemberg (ed.): IHK Destination: Schwerpunkt Nachhaltigkeit 2012. Stuttgart, 3.

IVANIŠIN, M. (2006): Regionalentwicklung im Spannungsfeld von Nachhaltigkeit und Identität. Wiesbaden.

JONAK, C. (2013): Nachhaltigkeitsbericht Papaya Tours.

KAGERMEIER, A. (2016): Tourismusgeographie. Einführung. UTB 4421. Konstanz, München.

KÜBLBÖCK, P. S. (WS 2014/15): V/Ü Nachhaltiges Tourismusmanagement. Skript zur Vorlesung. Ostfalia. Hochschule für angewandte Wissenschaften. Salzgitter.

LAMNEK, S. (2005): Qualitative Sozialforschung. Lehrbuch. Weinheim.

LOEW, T.; ANKELE, K.; BRAUN, S. a. CLAUSEN, J. (2004): Bedeutung der CSR-Diskussion für Nachhaltigkeit und die Anforderungen an Unternehmen. Berlin.

MOWFORTH, M. a. MUNT, I. (2003): Tourism and sustainability. Development and new tourism in the Third World. London.

MÜLLER, H.-E. (2013): Unternehmensführung. Strategien – Konzepte – Praxisbeispiele. München.

PIÑAR ÁLVAREZ, Á. (2009): Nachhaltiges Marketing und Regionalentwicklung in Naturschutzgebieten. Eine Untersuchung am Beispiel der Region Alpujarra in der Sierra Nevada (Spanien). Hamburger Schriften zur Marketingforschung Bd. 66. Mering.

POSER, H. (1939): Geographische Studien über den Fremdenverkehr im Riesengebirge. Ein Beitr. zur geographischen Betrachtung d. Fremdenverkehrs. Gesellschaft der Wissenschaften <Göttingen> / Mathematisch-Physikalische Klasse: [Abhandlungen der Gesellschaft der Wissenschaften zu Göttingen, Mathematisch-Physikalische Klasse / 3] 20. Göttingen.

RADOSAVLJEVIC, I. (2013): Sustainable tourism for development guidebook. Enhancing capacities for sustainable tourism for development in developing countries. Madrid.

REIN, H. a. STRASDAS, W. (2015): Nachhaltiger Tourismus. Einführung. Konstanz.

ROGALL, P. H. (ed.) (2012): 2. Jahrbuch Nachhaltige Ökonomie. Im eBrennpunkt: "Gren Economy". Marburg.

SCHMUDE, J. a. NAMBERGER, P. (2010): Tourismusgeographie. Geowissen kompakt. Darmstadt.

STEINECKE, A. (2011): Tourismus. Das Geographische Seminar. Braunschweig.

STEINECKE, A. (2013): Destinationsmanagement. UTB Tourismus. Konstanz.

STEINECKE, A. (2014): Internationaler Tourismus. Konstanz, München.

STRASDAS, W. (2001): Ökotourismus in der Praxis. Zur Umsetzung der sozioökonomischen und naturschutzpolitischen Ziele eines anspruchsvollen Tourismuskonzeptes in Entwicklungsländern. Schriftenreihe für Tourismus und Entwicklung. Ammerland.

TOURCERT (2014): Kriterienkatalog für Reiseveranstalter. Stuttgart.

UNEP a. UNWTO (2005): Making Tourism more sustainable. A Guide for Policy Makers. Paris.

UNWTO (2011): Tourism towards 2030. Global overview. Madrid, Spain.

VORLAUFER, K. (1996): Tourismus in Entwicklungsländern. Möglichkeiten und Grenzen einer nachhaltigen Entwicklung durch Fremdenverkehr : mit 28 Tabellen im Text. Darmstadt.

VORLAUFER, K. a. BECKER-BAUMANN, H. (2004): Massentourismus und Umweltbelastungen in Entwicklungsländern: Umweltbewertung und -verhalten der Thai-Bevölkerung in Tourismuszentren Südthailands. In: BECKER, C.; HOPFINGER, H. a. STEINECKE, A. (eds.): Geographie der Freizeit und des Tourismus. München, 876–887.

WENZEL, E.; KIRIG, A. a. RAUCH, C. (2009): Greenomics. Wie der grüne Lifestyle Märkte und Konsumenten verändert. München.

WINTJEN, H. (2013): Prüfungsbericht zur Rezertifizierung. Papaya Tours GmbH.

Internetdokumente:

ARBEITSKREIS TOURISMUS & ENTWICKLUNG (2015): Unternehmensverantwortung - die Herausforderung für Reiseveranstalter. http://www.fairunterwegs.org/fileadmin/user_upload/Dokumente/PDF/CSR/PDF-CSRakte-gesamt-2015.pdf (date: 03.02.2016).

BIRKHÖLZER, K. (2005): Local Economic Development and its Potential. http://www.technet-berlin.de/downloads/kb-local_economic_development_and_its_potential.pdf (date: 09.03.2016).

BMU (2012): Green Economy. Mit CSR den Wandel gestalten. http://www.4sustainability.de/fileadmin/redakteur/bilder/Publikationen/BMU_2012_Green_Economy_Mit_CSR_den_Wandel_gestalten.pdf (date: 28.01.2016).

BROCKHAUS, R. (2016): Was nicht gemessen wird, wird nicht getan | Welt-Sichten. https://www.welt-sichten.org/artikel/31901/was-nicht-gemessen-wird-wird-nicht-getan (date: 21.03.2016).

BUNDESVERBAND DER VERBRAUCHERINITIATIVE E.V. (o.J.a): Klimaneutral durch Kompensation? http://www.oeko-fair.de/clever-konsumieren/wohnen-arbeiten/klimafreundlich-im-haushalt/service29/klimaneutral-durch-kompensation/klimaneutral-durch-kompensation2 (date: 24.01.2016).

BUNDESVERBAND DER VERBRAUCHERINITIATIVE E.V. (o.J.b): Tourcert-Siegel. http://www.label-online.de/label/tourcert-siegel/ (date: 27.02.2016).

CRAIGANTWAILER (o.J.): Tourismus - Gesellschaftsphänomen und Wirtschaftszweig - YouTube. https://www.youtube.com/watch?v=W12MfsSu4iw (date: 25.01.2016).

HÄUSLER, N. (2004): Auf Reisen gegen Armut. http://www.mascontour.info/Media/Veroeffentlichungen/Armut.pdf (date: 01.02.2016).

HERDIN, T. a. LUGER, K. (2001): Der eroberte Horizont. Tourismus und interkulturelle Kommunikation. http://www.bpb.de/apuz/25882/der-eroberte-horizont?p=all (date: 26.03.2016).

KATE E.V., EED, FORUM ANDERS REISEN E.V. a. UNI EUROPA (2008): Leitfaden CSR-Reporting im Tourismus. 8 Schritte zum Nachhaltigkeitsbericht. http://www.aktiv-gegen-kinderarbeit.de/files/2011/01/csr_tourismus-1.pdf (date: 09.03.2016).

Literaturverzeichnis

LAAGE, P. (2015): Reisetrend: Urlauber wollen keine Touristen mehr sein. http://www.fr-online.de/reise/reisetrend-urlauber-wollen-keine-touristen-mehr-sein,1472792,29668054.html (date: 24.01.2016).

MONSHAUSEN, A. (2015): Zukunftsfähig und entwicklungsfreundlich. http://www.dandc.eu/de/article/tourismus-kann-nur-zukunftsfaehig-sein-wenn-er-die-bewohner-des-urlaubslandes-respektiert (date: 03.02.2016).

PANNICKE, A. (o.J.): Glücksbringer All-inclusive-Tourismus? Angebot und Nachfrage auf dem deutschen Quellmarkt und ökonomische Wirkungen in den Zielregionen. http://tourism-watch.de/files/ai-studie_adina_pannicke_web.pdf (date: 01.02.2016).

TOURISM WATCH (o.J.): "Urlauber wollen keine sozial kontaminierten Reisen". http://tourism-watch.de/content/urlauber-wollen-keine-sozial-kontaminierten-reisen (date: 03.02.2016).

TOURISM WATCH (2011): Siegelvergleich Nachhaltigkeit und CSR im Tourismus. http://tourism-watch.de/content/siegelvergleich-nachhaltigkeit-und-csr-im-tourismus (date: 27.02.2016).

UNWTO (2015): Tourism Highlights 2015. http://www.e-unwto.org/doi/pdf/10.18111/9789284416899 (date: 15.02.2016).

Verzeichnis der Expertengespräche:

H. (2016): Experteninterview mit der CSR-Beauftragten von Papaya Tours GmbH. Köln.

J. (2016): Experteninterview mit dem Leiter des Papaya-Tours Partnerbüros in Arequipa, Peru.

T.(2016): Experteninterview mit dem Leiter der Zertifizierungsstelle von Tourcert.

Anhang

Transkription der Experteninterviews

Anhang A, Experteninterview mit H., CSR-Beauftragte von Papaya Tours GmbH am 02.02.2016 im Büro in Köln:

I: Seit ein paar Jahren, genauer gesagt sei 2011, trägt Papaya-Tours das Siegel "CSR-zertifiziert" von Tourcert. Soweit ich informiert bin, mussten Sie sich als aktives Mitglied des Forum Anders Reisen dafür zertifizieren lassen?

B: Ja, das ist richtig (...)

I: Hätten Sie sich sonst auch für die Zertifizierung entschieden?

B: Nein, definitiv nicht.

I: Können Sie das kurz begründen?

B: Es ist halt mit sehr viel Aufwand und hohen Kosten verbunden. Und wir von Papaya Tours arbeiten schon seit Gründung nach unseren persönlichen nachhaltigen Kriterien und (..) hatten eigentlich von Anfang an den Eindruck, dass die Zeit, die wir in diese Zertifizierung stecken, die könnten wir nutzen Gutes zu tun.

I: Und hatte das Siegel dann allgemein eine positive Auswirkung auf die Buchungszahlen oder die Reputation von Papaya Tours?

B: Leider auch gar nicht, weil das Siegel dem Kunden absolut unbekannt ist. Und auch Tourcert zu Beginn stark die Ausrichtung hatte ein internes Siegel zu sein, was uns auch bei der Zertifizierung am Anfang nicht ganz klar war. Weil das wurde ja zusammen mit dem Forum Anders Reisen gegründet und da war es sehr viel in der Fachpresse und in aller Munde, weshalb wir davon ausgegangen sind, dass es jetzt auch an den Endkunden weitergeht und bekannt wird. Doch während oder nach der Zertifizierung kam dann ein bisschen raus, dass es gar nicht so gedacht ist, dass es sich an den Endkunden richtet, oder zumindest die Marketing-Aktivitäten des Verbandes nicht. Sondern dass es eben nur intern Strukturen verbessern und für mehr Effizienz sorgen soll und insofern das Unternehmen davon auch profitiert. Da haben eigentlich alle zertifizierten Unternehmen stark interveniert und immer wieder den Wunsch geäußert das doch publik zu machen und dem Endkunden ein bisschen mehr zu kommunizieren, damit es ein Kaufkriterium wird. Jetzt, seit letztem Jahr, gibt es da mehr Bestrebungen. Wobei sie auch immer wieder sagen, dass es auch in der Verantwortung der zertifizierten Veranstalter liegt auf das Siegel hinzuweisen.

I: Hat das Siegel dann wahrscheinlich auch keinen positiven Einfluss auf das Marketing, beziehungsweise nutzten Sie es überhaupt in Ihrer Marketing-Strategie bei Papaya Tours?

B: Wir haben es auf unserer Webseite abgebildet, aber wir haben es nicht einmal mit in den Anzeigen, weil das dem Kunden nicht bekannt ist. Da ist das Logo vom Forum Anders Reisen sehr viel mehr vertrauenserweckend.

I: Interessant, weil allgemein ist es ja so, dass Siegel bei deutschen Konsumenten schon relativ beliebt sind, wenn man beispielsweise an das Bio-Siegel in der Lebensmittelbranche denkt. Denken Sie persönlich, dass sich auch in der Tourismusbranche künftig ein allgemeines Siegel etablieren könnte, mit dem dann auch große Reiseveranstalter zertifiziert wären. Also dass es soweit kommen könnte, dass sich Kunden wegen dem Siegel für eine spezifische Reise oder Reiseveranstalter entscheiden?

B: Ja, das kann ich mir absolut vorstellen. Wenn das genug Bedeutung bekommt und nicht diese eine Million Siegel, wie es jetzt der Fall ist, auf dem Markt sind und der Kunde nichts hat worauf er sich verlassen kann. Selbst wenn es viele Siegel bleiben, aber wenn sich zwei bis drei, wie es im Lebensmittelsektor ja auch ist, herauskristallisieren, die einfach bekannter sind, dann glaube ich das schon. Im Tourismus sehe ich so ein bisschen das Risiko, oder was ich so beobachte, dass wenn ein Siegel dann plötzlich so bekannt wird, es dann ganz schnell alle haben. Und dann ist es ja auch wieder kein Kriterium, wenn sich das selbst TUI auf die Fahne schreibt.

I: Okay. Die nächsten Fragen konzentrieren sich jetzt ein bisschen spezifischer auf den Kriterienkatalog von Tourcert. Wenn man ihn sich auf den ersten Blick ansieht, dann überwiegen ja vor allem betriebsinterne Aspekte wie die Umsatzstruktur, Mitarbeiterzufriedenheit, Energie- und Papierverbrauch im Papaya Tours Büro hier in Köln. Mussten sie hinsichtlich der CSR-internen Aspekte viel anpassen durch die Zertifizierung?

B: Es waren viele Sachen, aber viele Kleinigkeiten. Gerade was Papierverbrauch betraf (..) also wir haben schon vorher Schmierpapier benutzt, aber ab dann konsequenter. Und es ist so ein bisschen mehr Sensibilisierung ins Team dadurch auch reingekommen. Also der Gedanke bestand irgendwo schon immer, aber dass alle an einem Strang das dann auch durchgezogen haben war nicht ganz so da. (..)

Also viele Kleinigkeiten, wo die Frage ist wie groß das dann in der Summe ins Gewicht fällt. Aber doch wir haben da schon einiges umgesetzt.

I: Die Umstelllungen waren dann wahrscheinlich auch mit Zeitaufwand verbunden. Hat sich dieser Ihrer Meinung nach gelohnt? Sie haben ja gesagt, dass dadurch das Nachhaltigkeitsbewusstsein auch unter den Mitarbeitern gestärkt wurde. Aber welchen positiven Nutzen sehen Sie sonst intern durch diese Umstellungen?

B: (...) Es sind einige Dinge dadurch schneller voran gegangen. Also gerades was Themen wie Mitarbeiterschulungen betraf, personelle Sachen. Da hatten wir schon lange Ideen was wir machen wollen, das wurde dann aber immer dem Tagesgeschäft hinten angestellt. Das ist dann schneller umgesetzt worden, einfach weil das Siegel da auch gewisse Fortschritte sehen möchte.

I: Also steckte durch das Siegel dann auch ein bisschen mehr Druck dahinter, solche Dinge schneller zu verwirklichen (..). Dann komme ich als nächstes zu den externen Dimensionen des Kriterienkataloges. Wenn ich persönlich an nachhaltiges Reisen oder einen nachhaltigen Reiseveranstalter denke, dann geht es in erster Linie um die Auswirkungen, die der Tourismus im Zielland für die Umwelt und die ansässige Bevölkerung hat. Wie beurteilen Sie die breite Palette an betriebsinternen Aspekten. Lenken Sie vom eigentlichen Sinn dahinter nicht ab?

B: Also man hat schon das Gefühl, dass der Fokus von Tourcert darauf liegt. Es hat natürlich eine gewisse Dominanz zu Beginn vor allem gehabt, was die Bestrebungen in Köln betraf, weil das schneller umgesetzt war. Mit Aspekten, die vor Ort umgesetzt werden, da hängt einfach eine viel längere Kette daran und da ist auch viel passiert, aber das haben wir hier nicht so präsent gehabt. Wir haben das in der Theorie erfahren, aber eben nicht direkt in der Praxis. (..) Ich glaube da ist vor allem der große Vorteil, dass es die Länder vor Ort auch ein bisschen mehr sensibilisiert tatsächlich. Weil in Europa und in Deutschland herrscht da ein ganz anderes Bewusstsein der Nachhaltigkeit gegenüber, auch vom Forschungsstand her, was welchen Einfluss hat. Und das ist gerade in Lateinamerika, bis auf Costa Rica was immer ein Paradebeispiel ist, noch nicht so angekommen. Und dadurch, dass man die Befragung macht, dass man mit Leuten vor Ort darüber spricht, fangen die erst einmal an darüber nachzudenken und das ist auf jeden Fall ein sehr, sehr wesentlicher Punkt.

I: Und wahrscheinlich begründet sich der Fokus auf die betriebsinternen Aspekte auch dadurch, dass sie sich viel leichter messen und überprüfen lassen als die externen CSR Aspekte.

B: Genau. Und natürlich ist man dennoch im Land vom Angebot auch abhängig. Angenommen es gäbe nur eine Ökolodge im ganzen Land (..), das widerspricht dann wieder unserem Mindestkriterium, dass man nicht nur an einem Ort ist sondern das ganze Land wirklich kennenlernt. Da muss man dann halt auch wieder ein bisschen Abstriche bei der Unterkunft machen. Also es geht eher darum, dass man am jeweiligen Ort wo der Kunde ist, das Nachhaltigste aus dem Angebot heraussucht, um eben die Richtung so zu fördern und den Anbietern zu signalisieren, was gefragt ist.

I: Um noch auf den Punkt sieben, der Stakeholder-Analyse, genauer einzugehen. Hotels, Reiseleiter oder Agenturen werden ja von den Partnerbüros vor Ort überprüft. Handelt es sich da um subjektive Einschätzungen, also machen beispielsweise die Hotels selbst die Angaben zu den verschiedenen Umwelt/Mitarbeiteraspekten? Oder wie garantieren Sie, dass diese Messungen dann auch richtig sind?

B: Also das Siegel sieht es so vor, dass es Selbstbefragungen sind, also dass sie selbst die Fragebögen ausfüllen. Und da ist ein gewisses Vertrauen dabei, dass sie auch wahrheitsgemäß ausgefüllt werden. Was wir noch darüber hinaus machen ist, dass wir unsere Büros vor Ort bitten Kategorien anzulegen, also sozusagen zu staffeln wie nachhaltig es wäre. Und das sind dann eben eigene Einschätzungen von unseren Mitarbeitern vor Ort. Also die meisten Mitarbeiter vor Ort kennen wirklich jedes Hotel im Land und können das dann auch beurteilen. Oder sonst wird auch einmal der ein oder andere Reiseleiter befragt. Eine weitere Idee, die aber noch nicht umgesetzt ist, ist dass die Reiseleiter nach der Reise, denn sie schreiben immer einen Report wie es gelaufen ist, auch auf solche Kriterien eingehen. (..) Aber das ist noch in der Umsetzung.

I: Führen Sie dann in allen Ländern beziehungsweise mit allen Agenturen diese CSR-Index-Messungen der Stakeholder durch?

B: Nein, bisher nur in den Ländern wo wir eigene Büros haben. Zum Glück können wir das, denn die Regel sagt eben 80% unseres Umsatzes müssen gecheckt werden. Und in den Ländern Argentinien, Peru und Ecuador, wo wir eben die eigenen Büros haben, sind das momentan noch 80% darum reicht das aus und damit haben wir es natürlich auch leichter.

I: Ja, das ist verständlich. Dann kommen wir zur letzten Frage: Hat sich durch die Einführung des Siegels etwas an den externen Dimensionen verändert. Spricht haben Sie Hotels oder Agenturen aus dem Programm nehmen müssen oder die Reiseroute/Transportmittel angepasst?

B: Nein, also gerade Reiserouten und (..) Hotels, da hatten wir eben schon von Anbeginn an hier in der Firma sehr extrem darauf geachtet, dass das alles auch nachhaltig von Statten geht. Darum das jetzt nicht im Rahmen des Siegels. An Transportunternehmen kann ich mich jetzt auch nicht erinnern. Nein, auf die Angebotsgestaltung vor Ort hatte das keinen großen Einfluss. Aber ich bin mir sicher deshalb, weil wir da eben schon vorher sehr darauf geachtet haben.

I: Gut Frau H., dann bedanke ich mich für Ihre Bereitschaft an dem Interview teilzunehmen und wünsche Ihnen und der Firma für die Zukunft alles Gute!

Anhang

Anhang B, Experteninterview mit J., Leiter des Papaya-Tours Partnerbüros in Peru am 20.02.2016 über E-Mail Kontakt:

I: Papaya Tours trägt seit 2011 das Siegel „CSR-zertifiziert" von Tourcert. Dadurch mussten vor allem betriebsintern, aber auch extern Tätigkeiten an Nachhaltigkeitskriterien angepasst werden. Wie sieht es bei Ihnen im Büro in Arequipa aus: Kennen alle Mitarbeiter vor Ort das Siegel und die Kriterien? Was bedeutet nachhaltiger Tourismus für Sie?

Desde el año 2011 Papaya Tours tiene el CSR (Corporate Social Responsibility) certificado de TourCert. Por eso, la empresa tuvo que adaptar nuevos criteros sostenibles interno en Colonia, pero también externo. ¿Cómo está la situación en la oficina en Arequipa? Los empleados, ¿conocen el certificado y los criterios?, ¿Qué significa un turismo sostenible para usted?

B: Um ehrlich zu sein, wenn wir vom Papaya Partnerbüro in Köln nicht die Aufforderung im Bezug auf CSR bekommen hätten, hätten wir wohl bis zum heutigen Tag auf unsere eigene Art und Weise weitergearbeitet, ohne zu hinterfragen, wie nachhaltig unsere touristischen Aktivitäten eigentlich sind. Aktuell wissen alle Angestellten von Papaya Tours in Arequpia (Peru) sowie die Reiseleiter von dem Siegel und dessen Wichtigkeit für unsere Arbeit und die Firma. Für uns, und ich spreche da im Namen von allen Mitarbeitern hier in Arequipa, ist nachhaltiger Tourismus eine Wirtschaftstätigkeit, die in erster Linie darauf achtet, dass die Region und ihre Bewohner nicht negativ vom Tourismus beeinträchtigt werden. Ganz im Gegensatz dazu ist es aber auch eine Wirtschaftstätigkeit die für eine garantierte Zeit andauert, gerechte Erwerbsmöglichkeiten schafft und somit einen positiven Effekt für unser Land hat.

Tenemos que ser honestos si no hubíeramos recibido de la oficina de Colonia el requerimiento del CSR hasta el día de hoy seguiríamos trabajando expontáneamente sin preguntarnos que tan responsables somos con nuestra actividad turística.. Actualmente todos los trabajadores de Papaya Tours de Arequipa en la oficina y el campo (Reiseleiter) tienen conocimiento de este certificado y la importancia de este cerificado en nuestro trabajo y empresa. Para nosotros y hablo en nombre de todos los empleados de Papaya Tours Arequipa, turismo sostenible es una actividad económica que principalmente no afecta negativamente a la region y pobladores que visitan nuestros clientes, sino todo lo contrario es una actividad que pueda perdurar en el tiempo garantizando un empleo justo para todos y un impacto positivo en nuestro país.

I: Was hat die Einführung des Siegels für Ihr Büro vor Ort bedeutet. Wie viel Arbeit war damit verbunden?

¿Qué ha significado la implantación del certificado para su oficina? ¿Había mucho trabajo para adaptar los nuevos criterios?

B: Zuerst mussten wir uns selbst fragen, wie nachhaltig unsere Geschäftstätigkeiten sind und welchen Teil der Anforderungen wir bereits erfüllen. Erstaunlicherweise haben wir dabei festgestellt, dass ein großer Teil unserer Aktivitäten bereits den Kriterien entsprochen hat, ohne dass wir wussten, dass diese besonders nachhaltig oder CSR sind. Vielleicht lag das an der Schulung und Vorbereitung für andere nachhaltige Aktivitäten, bei denen wir bereits zuvor entschieden haben sie auf unsere Geschäftstätigkeit anzuwenden. Auf der anderen Seite hat sich auch die peruanische Regierung bereits vor der Implikation des Zertifikats dem Thema CSR gewidmet, weshalb es auch von dieser Seite verschiedene Anforderungen gab, denen wir gerecht werden mussten um nicht sanktioniert zu werden. Dazu zählen beispielsweise gleichberechtigte Arbeitsbedingungen für beide Geschlechter oder das vollkommene Verbot von Kinderarbeit oder Menschenhandel. Daher waren die Arbeit oder die Veränderungen durch das Zertifikat nicht allzu groß. Aber es gab doch ein paar Aspekte mit denen wir zuvor noch nicht konfrontiert wurden und die uns geholfen haben verstärkt über das Thema nachzudenken. Dazu zählen die ökologischen Aspekte der Nachhaltigkeit wie das Thema Recycling, welches in unserem Land noch nicht existiert.

Primero significo cuestionarnos que tan sostenibles somos y que parte de los requerimientos cumplimos. Curiosamente nos dimos cuenta que gran parte de los requerimientos ya los veniamos aplicando sin saber que eran sostenibles o CSR, tal vez por un tema de educación y preparación en otras actividades que decidimos aplicar algo parecido a nuestra actividad. Por otro lado el gobierno peruano también maduró el tema CSR antes del certificado y existen varias exigencias que tenemos que cumplir sino somos sancionados como por ejemplo igualdad de condiciones en los trabajadores sin importar el sexo o la prohibicion rotunda del sexo infantil y trata de personas. No hubo mucho trabajo o cambio por hacer en nuestros procesos pero si hubieron unos cuantos que no teniamos conocimiento o idea y nos ayudó a pensar en el tema como por ejemplo la ecologia o reciclaje que aun en nuestro país eso no existe.

I: Es geht ja in erster Linie auch darum, die Stakeholder (Hotels, Agenturen, Reiseleiter) hinsichtlich ihrer Nachhaltigkeitsbestrebungen zu analysieren. Mussten Sie wegen dem Siegel bestimmte Hotels oder Ausflüge aus dem Programm nehmen oder Reiserouten ändern?

Particulamente, se trata de analizar las actividades de los Stakeholder/partes interesadas, es decir, controlar si los hoteles, agencias y guías actúan desde un principio sostenible. ¿ Tendrían que sacar hoteles o excursiones de su programa o cambiar la ruta de viaje?

B: Es ist fast unmöglich die Reiseroute oder das Programm wegen Nichteinhaltung von CSR-Kriterien abzuändern. Flächenmäßig ist Peru im Vergleich zu Deutschland zwar ein großes Land, aber sehr klein was die Infrastruktur anbelangt. Das bedeutet, dass es nur wenige asphaltierte Straßen gibt, eine geringe Auswahl an Hotels, wenige Flüge und andere interne Verkehrsverbindungen oder Kommunikationsmittel. Im Prinzip gibt es nur eine Möglichkeit unser Land zu bereisen, nur eine klassische Route. An manchen Orten sind die Unterkünfte sehr exklusiv oder beschränkt, wie beispielsweise in Huacachina, Nasca, am Titicacasee, dem Colca-Canyon und einigen mehr. Das bedeutet, dass es sehr schwierig ist die Zusammenarbeit mit einem guten und preiswerten Stakeholder zu ändern. Wenn wir deshalb herausfinden, dass ein Stakeholder nicht nach CSR Kriterien wirtschaftet, arbeiten wir weiterhin mit ihm zusammen, machen ihm aber zeitgleich klar, dass er sich für eine weitere Zusammenarbeit verpflichtend an die CSR-Kriterien halten muss. Was wir erstaunlicherweise auch hier wieder festgestellt haben war, dass viele Stakeholder die Kriterien bereits erfüllten ohne es zu wissen. Und diejenigen, die noch nicht, haben die Veränderungen auf natürliche Weise in ihr Unternehmen implementiert und übernehmen gerne die Verantwortung für ihr Handeln.

Es casi imposible cambiar una ruta o programa por incumplimiento de CSR, el Perú es un país grande en comparación con Alemania, pero es un país pequeño en infraestructura, tenemos pocas pistas asfaltadas, poca cantidad de hoteles, pocos vuelos y conoxiones internas y pocos medios de comunicación. Básicamente existe una solo manera de visitar nuestro pais, o una sola ruta clásica, existen lugares donde el alojamiento es muy exclusivo o reducido como por ejemplo Huacachina, Nasca, Lago Titicaca, Cañón del Colca y muchos más. Lo que significa que cambiar un proveedor bueno y de buen precio es muy difícil, entonces si detectamos un proveedor que no tiene CSR, trabajamos en conjunto con ellos para hacerles entender que es una obligación cumplir con las normas CSR para poder trabajar con nosotros. Lo curioso es detectar que muchos proveedores lo aplican sin saberlo y los que no aplican lo toman de la manera mas natural y con gusto de ser responsables.

I: Hotels müssen sich ja selbst hinsichtlich ihrer ökonomischen und ökologischen Nachhaltigkeit bewerten. Wie können Sie garantieren, dass diese Angaben auch der Wahrheit entsprechen?

Los hoteles tienen que evaluar sus actividades (económicas /ecológicas) ellos mismos. ¿Cómo podrían garantizar que dicen la verdad?

B: Die einzige Möglichkeit ist es, die Hotels von unseren Reiseleitern oder gelegentlich von uns selbst (den Mitarbeitern aus dem Büro) evaluieren zu lassen, wenn wir diese gelegentlich besuchen. Wir wissen, dass die Regierung den Lohn und die Diskriminierung am Arbeitsplatz kontrolliert, weshalb wir bei einem Hotel das über eine Betriebserlaubnis verfügt und keine Probleme mit dem Arbeitsministerium hat, bereits wissen, dass es die Wahrheit sagt was diese Kriterien anbelangt.

La única forma es haciendo una evaluación por parte de nuestros TCs y nosotros mismos de la oficina que a veces usamos o probamos nuestros proveedores. Sabemos que el tema de sueldo y discriminación laboral lo controla el estado, entonces con solo saber que el hotel tiene licencia de funcionamiento y no tiene problemas con el ministerio de trabajo sabemos que dice la verdad.

I: Was halten Sie allgemein vom dem Label. Hatte die Einführung positive Aspekte oder ist es Ihnen gleichgültig, ob Papaya das Siegel trägt?

¿Qué significa el certificado para usted?¿ Había efectos positivos con la implantación, o a usted no le importa si Papaya tiene o no el certificado?

B: Das Siegel bedeutet für mich eine positive Wirkung auf die Gesellschaft und die Region zu haben, welche unsere Kunden besuchen. Es ist die Sicherheit, dass wir die Richtung zu einem nachhaltigen Tourismus einschlagen. Das Wichtigste ist dabei die Überzeugung, dass wir unseren Kunden damit zeigen können, dass es uns wichtig ist unser Land, seine Bewohner und die Umwelt zu schützen. Die Effekte waren sehr positiv bei Allen im Papaya Büro in Arequipa. Wir stellten fest dass wir CSR sind und uns noch ein paar weitere Details fehlen für die wir künftig sorgen müssen. Es ist uns ein wichtiges Anliegen dass wir eine Wirtschaftsaktivität schaffen, die allen nützt und nicht nur einigen Wenigen.

El certificado significa para mi tener un buen impacto con la sociedad y región donde nuestros clientes llegan, es la seguridad que estamos en dirección de un turismo sostenible y lo mas importante la convicción de poder demostrar a nuestros clientes que nos preocupa cuidar nuestro país y su gente en todos los ambitos. Los efectos fueron muy positivos para todos en Papaya Arequipa, nos dimos cuenta que somos CSR y que nos faltan otros detalles por cuidar, nos interesa mucho generar una actividad economica que ayude a todos y no solo unos cuantos.

I: Gibt es so etwas wie Corporate Social Responsibility für Unternehmen in Peru? Denken Sie, dass durch den indirekten Einfluss aus Deutschland die Wahrnehmung gegenüber ökologischen und sozialen Kriterien in Peru gewachsen ist?

¿Hay algo similar como CSR para empresas en Peru? Usted piensa que el conocimiento de un desarollo sostenible puede aumentar en Peru por influencia indirecta de Alemania, ¿cómo en este caso?

B: Bedauernswerterweise gibt es keine exklusive Organisation, die über CSR Praktiken aufklärt oder ein derartiges Zertifikat in peruanischen Firmen kontrolliert. Lediglich die Regierung übernimmt mithilfe der Ministerien die Kontrolle einiger Punkte. Aber auf der anderen Seite denken wir, dass es nicht natürlich wäre CSR auf Basis von Bestrafungen/Sanktionen durchzusetzen, anstatt auf einer erzieherischen Basis. In diesem Sinne sehe ich die (freiwillige) Initiative in Deutschland als sehr sinnvoll an um ein natürliches Bewusstsein von CSR zu schaffen.

Lastimosamente no existe una organización exclusiva que enseñe a ser CSR o que controle este certificado en las empresas del Perú, solo el gobierno se encarga de controlar algunos puntos con sus ministerios, pero igual sentimos que no es de manera natural y que solo se aplica en base al castigo y no a la educación. En ese sentido la iniciativa de Alemania es muy buena para crear una conciencia natural de CSR

I: Danke für Ihre Zeit und Bereitschaft für das Interview!

Gracias, Senor J. por su tiempo y la dispsición para la entrevista!

Anhang C, Experteninterview mit T., Leiter der Zertifizierungsstelle bei Tourcert am 03.03.2016 via Skype:

I: Lieber Herr T. Vielen Dank vorab, dass Sie sich für das Interview Zeit nehmen. Kurz vorab zu Ihrer Person: Welche Stelle haben Sie im Unternehmen und was sind Ihre primären Aufgaben bei Tourcert?

B: Ich leite die Zertifizierungsstelle bei Tourcert, das umfasst im Prinzip die gesamte Koordination der Audits und der Zertifizierungen. Also ich bin sozusagen der Kontaktpunkt für die Unternehmen, für die Gutachter, für unseren Zertifizierungsrat und koordiniere diese Prozesse. Darüber hinaus bin ich auch mitverantwortlich für dieses Regelwerk bei Tourcert. Also wir unterziehen das ja auch einer regelmäßigen Revision und entwickeln eben unsere Kriterien weiter und auch da bin ich quasi involviert, das sind so die Hauptaufgaben. Und nebenher eben noch Projektmanagement in verschiedenen Projekten, aber jetzt rein bei Tourcert ist es eben die Zertifizierungsstelle.

I: Das ist ja passend, da sich meine Fragen auch alle auf das CSR-Zertifikat von Tourcert beziehen. Seit wann verleihen Sie das CSR-Siegel und was war die ursprüngliche Idee dahinter?

B: Also das Zertifikat wird seit 2009 verliehen, Tourcert wurde auch 2009 gegründet. Allerdings muss man dazusagen, dass die Arbeit in diesem Bereich schon sehr viel früher begonnen hat. Einer der Gründungsgesellschafter von Tourcert nämlich Kate, eine Umweltberatung in Stuttgart, (..) die haben schon vor 15 Jahren eigentlich angefangen sich damit zu beschäftigen. Haben dann auch Studien durchgeführt, haben mit Reiseveranstaltern des Forum Anders Reisen zusammengearbeitet und dann ging es erst einmal darum aufzuzeigen, was können denn Reiseveranstalter tun wenn sie nachhaltig wirtschaften wollen. Und was sind vielleicht ein paar wesentliche Faktoren. Diesen Leitfaden hat dann das Forum Anders Reisen im Prinzip übernommen und irgendwann kam da auch der Wunsch auf, wenn wir das schon alles machen, dann wollen wir uns das eigentlich auch bestätigen lassen und daraus entstand dann Tourcert.

I: Sehr interessant. Meines Wissens zertifizieren Sie ja vor allem Reiseveranstalter, wie beispielsweise die Mitglieder des Forum Anders Reisen. Wie viele Reiseveranstalter tragen denn inzwischen das Siegel und wie ist die Nachfrageentwicklung?

B: Wie viele (..) da muss ich gerade selbst auf unserer Webseite nachsehen. Wir haben aktuell (..) 70 Reiseveranstalter, fünf Reisebüros, zwei Reisebürokooperationen und fünf Hotels. Also an den Zahlen sieht man schon, der Fokus liegt auf Reiseveranstaltern. Wir arbeiten aber daran gerade den Hotelsektor auszuweiten und da mehr Hotels zu gewinnen. Was war Ihre zweite Frage?

I: Über die Nachfrageentwicklung bei den Reiseveranstaltern (..)

B: Genau. Also da ist schon klar erkennbar, dass es ein positiver Trend ist, dass wir zunehmend angesprochen werden von Unternehmen die sich dafür interessieren. Das war zu Beginn noch gar nicht so, da mussten wir immer auf die Leute zugehen oder auf die Unternehmen, das hat sich jetzt mittlerweile geändert. Das liegt zum Einen daran, dass Tourcert als Marke bekannter geworden ist. Aber es liegt sicherlich auch daran, dass das Bewusstsein für nachhaltigen Tourismus stärker geworden ist. Also von daher ist da schon ein positiver Trend erkennbar.

I: In der Tourismusbranche existieren ja mittlerweile auch relativ viele CSR-Siegel. Hat diese breite Palette negative Auswirkungen für ihr Unternehmen oder wie etabliert sich Tourcert gegenüber anderen Zertifikaten?

B: Das ist natürlich ein Problem, nicht nur für uns sondern für alle Beteiligten, dass es so viele Siegel gibt. Also die Konsumenten sind total verwirrt, haben dadurch eigentlich wenig Orientierung. Auch Unternehmen müssen erst einmal überlegen, was für sie das Passende ist. Es ist also schon ein Problem. Wir arbeiten auch daran und machen uns dafür auch in der Politik stark, dass es vielleicht einmal so eine Art Dachsiegel gibt und sich das auch für die Konsumenten einfach besser gestaltet. Also wir sehen diese Vielfalt schon ein bisschen als Problem und haben jetzt keine wirkliche Strategie, wie wir uns da hervortun. Aber es ist schon so, dass das Tourcert Zertifizierungssystem sich unterscheidet von eigentlich allen, oder von den meisten anderen Systemen. Das eine ist der Fokus auf Reiseveranstaltern, denn fast alle Siegel im Tourismus fokussieren sich eigentlich auf Unterkünfte, weil das auch einfacher ist. Im Bereich Reiseveranstalter sind wir eigentlich, zumindest in Deutschland, die Einzigen. (..) Die Mehrheit der Systeme fokussiert sich auch auf ökologische Aspekte. Bei uns ist es wirklich ein Nachhaltigkeitssystem, das heißt auch soziale und ökonomische Aspekte sind berücksichtigt. Und der dritte Punkt ist im Prinzip unsere Prozessorientierung, unser Empowerment-Fokus. Darunter verstehen wir, dass wenn wir ein Unternehmen zertifizieren wollen, es ein ganz wichtiges Element ist, dass die beteiligten Mitarbeiter und Geschäftsführer im Unternehmen ausgebildet sind. Dass die wissen was eigentlich CSR und Nachhaltigkeit im Tourismus bedeuten, was das für ihr Unternehmen bedeutet und somit auch in der Lage sind selbstständig so ein Management aufrecht zu erhalten. Also es soll nicht einfach nur ein Abhacken von Kriterien sein, sondern wir wollen, dass die Unternehmen sich wirklich weiterentwickeln, dass es ein kontinuierlicher Verbesserungsprozess ist. Und darauf liegt wie gesagt auch unser Fokus, auf dieser Prozessorientierung. Bei anderen Systemen ist es vermutlich eher so, dass es eine Reihe an Kriterien gibt von welchen vielleicht 50% erfüllt werden und dann gibt es das Siegel. Bei uns ist es weniger so, sondern wir legen unseren Schwerpunkt auf diese Management-Elemente, also das ein Unternehmen wirklich die ganzen CSR-Managementelemente integriert. Das heißt es muss einen CSR-Beauftragten geben, es müssen bestimmte Daten regelmäßig erhoben werden und diese Geschichten. Darauf legen wir Wert, dass einfach diese elementaren Prozesse implementiert sind und somit das Unternehmen auch in der Lage ist, sich wirklich kontinuierlich zu verbessern. Das unterscheidet uns vermutlich von anderen, vergleichbaren Systemen.

I: Ja klar, Nachhaltigkeit im Tourismus ist ja eigentlich auch kein idealer Zustand, das kann ja nie zu 100% erreicht werden und daher ist es ja auch nur möglich sich einfach so gut wie eben möglich zu verbessern.

B: Ganz genau und jedes Unternehmen ist natürlich unterschiedlich, also da ist es teilweise auch schwierig so ein Raster über alle Unternehmen zu legen. Wir müssen schauen wo das Unternehmen jetzt steht und was realistische Schritte für dieses Unternehmen sind, wohin es sich bewegen kann. Das ist eigentlich der Fokus, den wir verfolgen.

I: Welche primären Ziele wollen Sie denn durch das Zertifikat beim Reiseveranstalter erreichen? Geht es darum, durch CSR innerbetrieblich Prozesse zu verbessern oder geht es wirklich direkt auf den Einfluss und die Situation im Zielland?

B: Sowohl als auch, aber das übergeordnete Ziel ist eher Letzteres. Wir sind auch kein privatwirtschaftliches Unternehmen, wir sind gemeinnützig. Das heißt unser Ziel ist es nicht durch die Zertifizierungen möglichst viele Umsätze zu generieren, sondern das Ziel ist wirklich den Tourismus weltweit nachhaltiger zu gestalten. Und wir haben eben gesagt, Zertifizierung ist ein Tool um das zu erreichen. Wenn wir irgendwann feststellen sollten, dass das überhaupt nichts bewirkt, dann müssten wir uns ernsthaft fragen, ob wir auch so weitermachen wollen. Also das Ziel ist wirklich, die touristischen Angebote nachhaltiger zu gestalten. Und in der Regel finden diese Angebote eben nicht hier in Deutschland, sondern in den bereisten Destinationen statt. Gleichzeitig ist es aber so, dass wir, um das zu erreichen, in den Unternehmen ansetzen müssen. Das heißt wir müssen erst einmal die Unternehmen dabei unterstützen, dass die auch wirklich ihre internen Prozesse so organisieren, dass sie nachhaltig wirtschaften können. Und darauf aufbauend sind sie dann eben auch in der Lage ihre Angebote nachhaltig zu gestalten.

I: Auf die Auswirkungen im Zielland konzentriert sich dann ja die Kontrolle der externen Leistungsträger. Soweit ich informiert bin, müssen sich diese, also Hotels oder Reiseleiter, selbst hinsichtlich ihrer Nachhaltigkeitsbestrebungen bewerten. Wie bzw. können Sie überhaupt garantieren, dass sich diese an die Kriterien halten oder ist das dann die Aufgabe der Reiseveranstalter das noch einmal zu überprüfen?

B: Das ist die Aufgabe der Reiseveranstalter, denn wir zertifizieren ja nicht den Leistungsträger sondern den Reiseveranstalter, der seine Leistungsträger mit einbeziehen muss. Und es stimmt natürlich, dass diese Befragungen subjektiv sind, die geben also eine Selbstauskunft. Wir von Tourcert können natürlich nicht nachprüfen, ob das der Wahrheit entspricht oder nicht, sonst müssten wir vor Ort gehen und die Unternehmen besuchen, so etwas kann kein Mensch bezahlen. Das ist uns aber auch bewusst und wir wollen mit diesen Befragungen im Prinzip erreichen, dass die Reiseveranstalter einmal ein grundsätzliches Bild davon bekommen, wie nachhaltig ihre Wertschöpfungskette eigentlich arbeitet. Dass dann unter Umständen vielleicht der ein oder andere Aspekt vielleicht nicht so zutrifft wie angegeben wurde, kann durchaus sein. Aber ich vermute auch, dass das die Ausnahme ist, denn die Leistungsträger sehen ja auch die Reiseveranstalter als ihre Auftraggeber und werden sich sicherlich gut überlegen, ob sie diese praktisch anlügen. Aber diese Befragung ist letztendlich wirklich als Tool der Zertifizierung zu verstehen, damit der Reiseveranstalter seine Wertschöpfungskette überhaupt einmal richtig durchleuchten kann und darauf aufbauend eben auch Verbesserungsmaßnahmen entwickeln kann.

I: Beim Gespräch mit einem zertifizierten Reiseveranstalter habe ich in Erfahrung gebracht, dass das Tourcert-Siegel beim Endkunden noch nicht so bekannt ist wie erhofft. Betreibt Tourcert Marketing was das Siegel betrifft, oder ist es die Aufgabe der Reiseveranstalter damit es künftig vielleicht auch ein direktes Kaufkriterium beim Endkunden wird?

B: Sowohl als auch. Also erst einmal ist uns bewusst, dass das Siegel auf dem Markt eigentlich nicht wirklich erkannt wird, was aber vermutlich auch nicht verwunderlich ist. Denn wenn man sich einmal die mittlerweile sehr erfolgreichen Siegel in der Lebensmittelindustrie anschaut, das Fairtrade-Siegel oder das Bio-Siegel, die haben auch sehr viele Jahre gebraucht um so eine Bekanntheit zu erlangen. Und das ist natürlich noch einmal etwas ganz anderes. Wenn ich mir im Supermarkt Zucker kaufe, dann ist das viel unmittelbarer wie wenn ich eine Reise kaufe. Und es ist auch vor allem deshalb schwierig, da unser Siegel diese Prozessorientierung hat und es ist schon eine Herausforderung, das an die Kunden zu kommunizieren. Dass man nicht klar sagen kann, dass bei zertifizierten Unternehmen die Produkte bestimmte Kriterien erfüllen, sondern dass wir einen kontinuierlichen Prozess wollen. Also das ist schon einmal eine grundlegende Schwierigkeit. Um das zu ändern und zu verbessern haben wir Marketingmaßnahmen, allerdings im beschränkten Umfang, denn wir sind keine Marketingorganisation. Wir nehmen das aber seit etwa einem Jahr verstärkt in Angriff, haben jetzt zum Beispiel eine eigene Facebook-Seite und einen öffentlichen Newsletter. Also ein paar Aspekte setzen wir bereits um und da werden wir sicherlich in der Zukunft noch weiter daran arbeiten. Wir haben da aber eben auch nur begrenzten Spielraum. Wie gesagt, ich sehe da sowohl uns als auch die Veranstalter in der Pflicht, aber eigentlich die Unternehmen noch mehr, denn diese sind ja im Kontakt mit ihren Gästen. Daher ist es ihre Aufgabe zu kommunizieren, was es denn eigentlich bedeutet dieses Siegel. Also ganz praktikable Infos geben, was das im Fall ihres Unternehmens bedeutet, warum es nachhaltig ist. Und das kann wirklich nur das Unternehmen selbst erklären, denn jede Reise ist unterschiedlich und da sind wirklich die Unternehmen gefragt, das auch kundenkompatibel zu kommunizieren.

I: Na klar, das ist verständlich. Dann komme ich zu meiner letzten Frage: Sie haben es bereits angesprochen, Öko- und Bio-Siegel boomen ja momentan in allen Lebensbereichen. Nachhaltige Reiseveranstalter machen aber im Moment erst einen Bruchteil des gesamten Umsatzes aus. Wie bewerten sie das Potential von CSR-Siegeln im Tourismus? Denken sie dass sich in Zukunft auch mehr und mehr große Veranstalter und Konzerne für eine derartige Zertifizierung entscheiden könnten?

B: Ich glaube ja. Wenn man sich einmal so die Trends ansieht, oder auch die Meinungen von Zukunftsforschern, dann ist es ein klar erkennbarer Trend, dass nachhaltiges Leben für die Menschen in allen Bereichen wichtiger wird. Und dafür braucht es vermutlich solche Siegel zur Orientierung. Denn es ist für Konsumenten natürlich schwierig, oder es geht auch gar nicht, dass man sich bei jedem Kauf umfangreich informiert. Und Siegel bieten da einfach auch eine Orientierung.

Das heißt, das Siegel müsste einfach bekannter werden. Aber ich glaube schon, dass das in die richtige Richtung geht. Man hört ja auch immer wieder, dass der Fokus von erfolgreichen Unternehmen zukünftig im Prinzip auch auf dem Gemeinwohl liegt. Also das dauert vielleicht auch noch einige Jahrzehnte, bis das wirklich weit verbreitet ist aber der Trend ist schon klar erkennbar. Ich glaube auch, dass zunehmend die großen Konzerne darauf eingehen werden. Das tun sie ja jetzt schon, aber ich glaube in Zukunft noch stärker. Aber das ist meine Vermutung. Es kann auch sein, dass ich da komplett auf dem Holzweg bin, aber ich denke schon dass die Zeichen da relativ deutlich sind.

I: Wünschenswert wäre es auf jeden Fall. Gut Herr T., dann wäre es das von meiner Seite soweit gewesen. Wenn sie sonst nichts mehr hinzufügen haben würde ich es dabei belassen und bedanke mich noch einmal ganz herzlich für ihre Zeit und Bereitschaft für dieses Interview!